K 유아 5-6세

하루 **10**분, 계산력이 강해진다!

날마다 10분 계산력

애플비

applebeebooks

KB133679

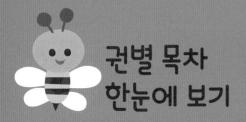

권별 목차 한눈에 보기

● 〈날마다 10분 계산력〉은 취학 전 유아부터 초등학교 3학년 과정까지 연계하여 공부할 수 있는 계산력 집중 강화 훈련 프로그램이에요.

● 계산의 개념을 익히기 시작하는 취학 전 아동부터(K단계, P단계) 반복적인 계산 훈련이 집중적으로 필요한 초등학교 1~3학년까지(A단계, B단계, C단계) 모두 5단계로, 각 단계별 4권씩 총 20권으로 구성되어 있어요.

● 한 권에는 하루에 한 장씩 총 8주(2달) 분량의 학습 내용이 담겨 있으며, 학기별로 2권씩, 1년 동안 총 4권으로 하나의 단계를 완성할 수 있어요.

● 각 단계들은 앞 단계와 뒷단계의 학습 내용과 자연스럽게 이어져, 하나의 단계를 완성한 뒤에는 바로 뒤의 단계로 이어 학습하면 돼요.

● 각 단계별로 권장 연령이 표기되어 있기는 하지만, 그보다는 자신의 수준에 맞추는 것이 중요해요. 권별 목차의 내용을 보고, 수준에 알맞은 단계를 찾아 시작해 보세요.

K

유아 5~6세

P

유아 6~7세

A
7세~초등 1학년

B
초등 2학년

C
초등 3학년

이렇게 구성되었어요!

1단계~8단계까지, 총 8단계로 구성되어요.
한 권은 8주(2달) 분량이에요.

공부한 날짜를 쓰고 시작하세요.
한 번에 많은 양을 공부하기보다는
날마다 꾸준히 공부하는 것이
계산력 향상에 도움이 돼요.

각 단계의 맨 첫 장에는
이번 단계에서 공부할 내용에 대한
개념 및 풀이 방법이 담겨 있어요.
문제를 풀기 전에
반드시 읽고 시작하세요.

1단계
9까지의 수

어떻게 지도하세요

하나의 개념을 4일 동안 공부해요.
날마다 일정한 시간을 정해 두고,
하루에 한 장씩 공부하다 보면
계산 실력이 몰라보게 향상될 거예요.

계산 원리를 보여 주는 페이지와 계산 훈련 페이지를
함께 구성하여, 문제의 개념과 원리를 자연스럽게 이해하며
문제를 풀 수 있도록 했어요. 이는 반복 계산의 지루함을
줄여줄 뿐 아니라, 사고력과 응용력을 길러 주어
문장제 문제 풀이의 기초를 다질 수 있어요.

각 단계의 마지막 장에
문제의 정답이 담겨 있어요.
얼마나 잘 풀었는지
확인해 보세요.

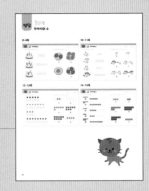

권말에는 각 단계의 내용을 담은 실력 테스트가 있어요.
그동안 얼마나 열심히 공부했는지 나의 실력을 확인하고, 공부했던 내용을 복습해 보세요.

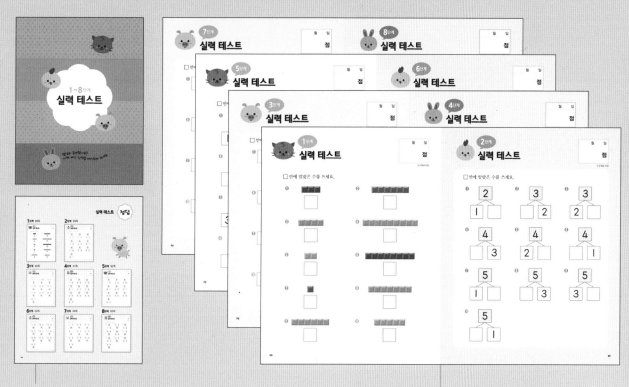

정답을 보고, 몇 점인지 확인해 보세요.

각 단계별 복습할 문항이 담겨 있어요.

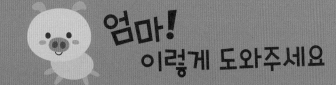

엄마!
이렇게 도와주세요

👆 '공부'가 아닌 '놀이'가 되게 해 주세요.

구슬, 블록 등 구체물을 이용하여 문제를 풀어 보도록 해 주세요.
공부도 놀이처럼 즐겁다는 생각을 가진 아이는 학습에 대한 호기심이 증가하여 집중력이 높아집니다.

✌️ 규칙적인 시간과 학습량을 정해 계획적으로 학습할 수 있게 해 주세요.

날마다 일정한 시간을 정해 두고, 일정한 양을 학습하면 아이가 미리 스스로 해야 할 학습을
예측하고 계획하여 능동적으로 학습할 수 있게 됩니다.

🖐️ 문제 푸는 과정을 지켜 보세요.

문제를 풀게 하는 것보다 문제 푸는 과정을 지켜 보는 것이 더 중요합니다. 문제를 푸는 과정 속에서
아이가 어떤 부분이 부족한지, 어떤 방법으로 문제를 푸는지 등 다양한 정보를 얻을 수 있습니다.

K1 9 이내의 수 가르기와 모으기
목차

9까지의 수

이렇게 지도하세요

사물의 수를 세며 0~9까지의 수를 익힙니다. 서로 다른 사물을 세어 보며 수 개념을 형성하고 숫자가 없을 때의 불편함을 통해 숫자의 필요성을 압니다. 실생활의 여러 상황에서 9까지의 수를 찾아보며, 수의 양적 개념을 익히고 수량과 숫자를 연결하여 다양한 수의 의미를 경험하도록 합니다.

• 촛불 수 세기

• 손가락 인형 수 세기

9까지의 수

케이크 위에 꽂힌 촛불의 수만큼 ◯를 그리세요.

쿠키가 몇 개인지 세어, ☐ 안에 알맞은 수를 쓰세요.

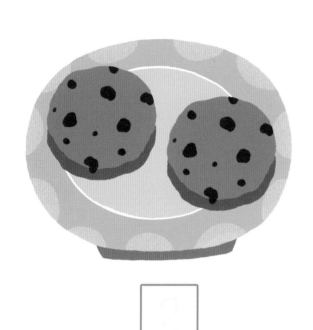

☐

☐

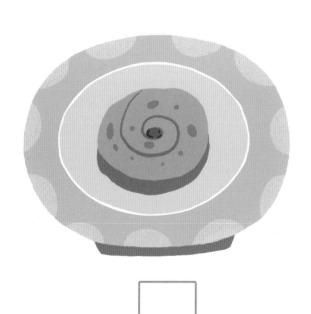

☐

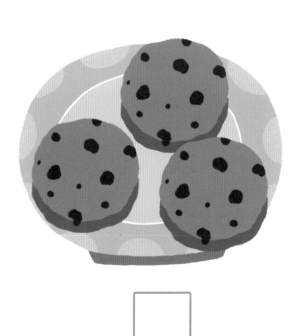

☐

9까지의 수

손가락 인형의 수만큼 ○를 그리세요.

손가락 인형이 몇 개인지 세어, ☐ 안에 알맞은 수를 쓰세요.

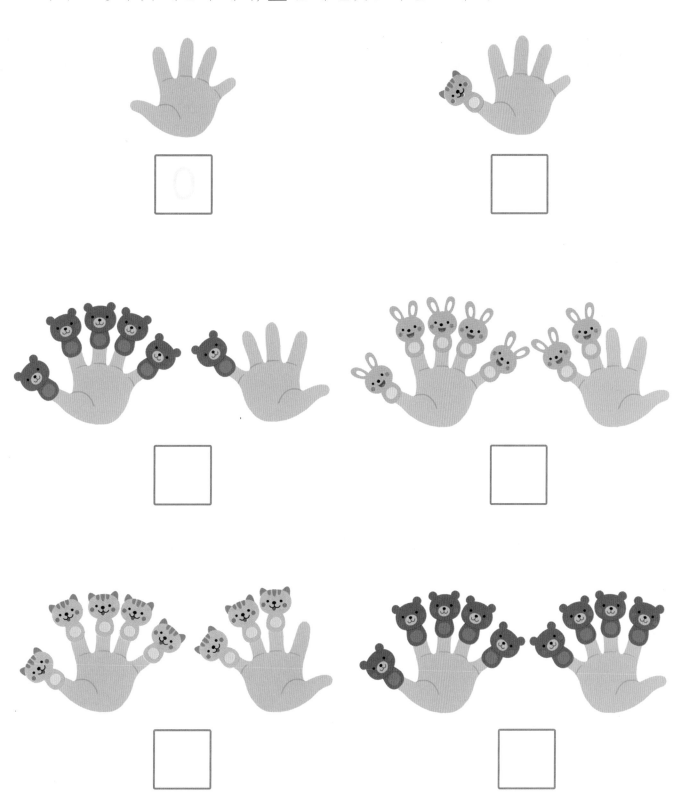

9까지의 수

구슬의 수만큼 ◯를 그리세요.

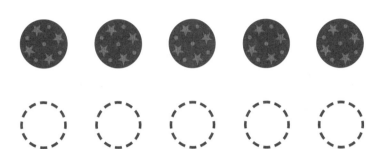

구슬이 몇 개인지 세어, □ 안에 알맞은 수를 쓰세요.

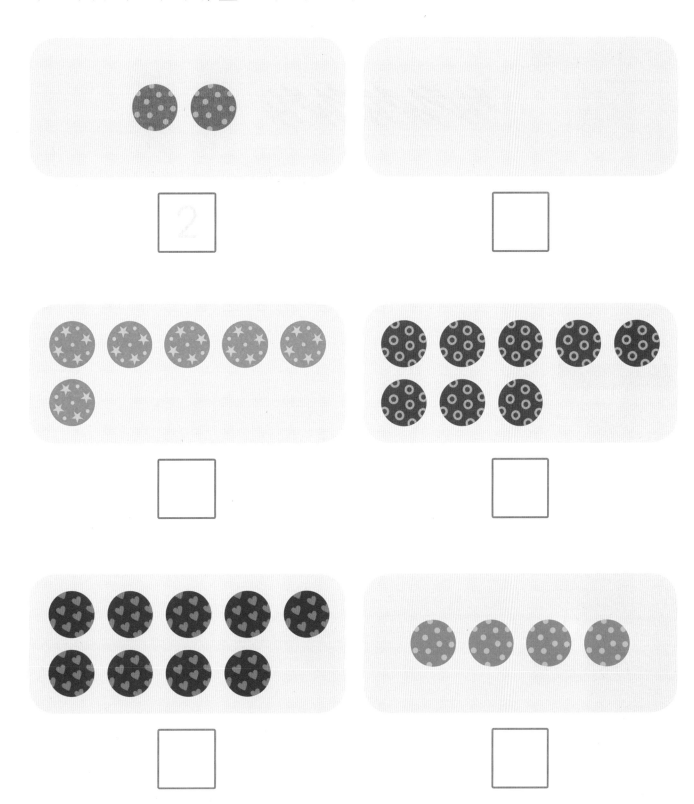

4일차 9까지의 수

알맞은 수만큼 블록을 색칠하세요.

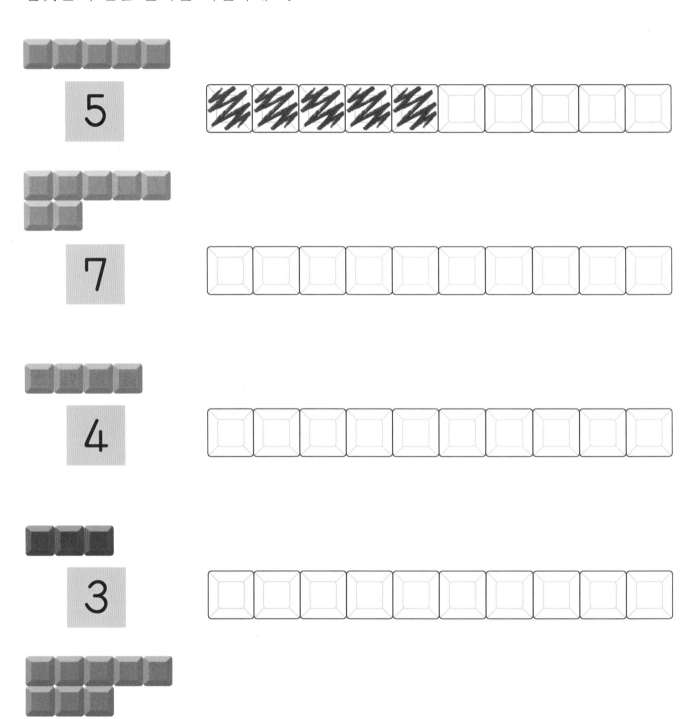

블록의 수를 세어, ☐ 안에 알맞은 수를 쓰세요.

3

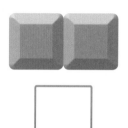

☐

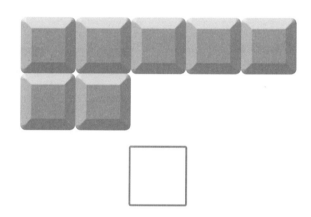

☐

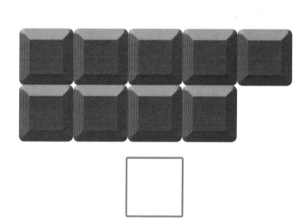

☐

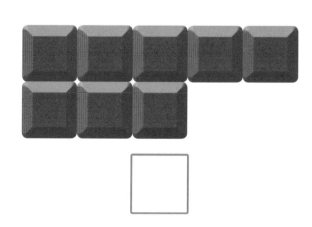

☐

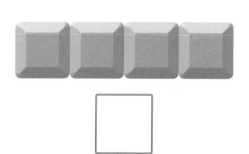

☐

8~9쪽

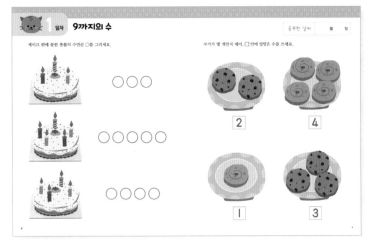

10~11쪽

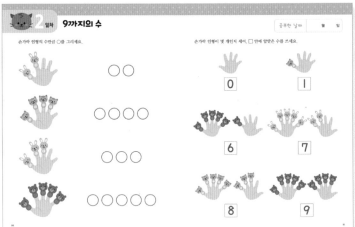

12~13쪽

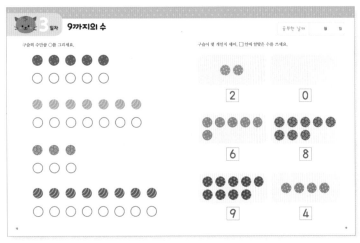

14~15쪽

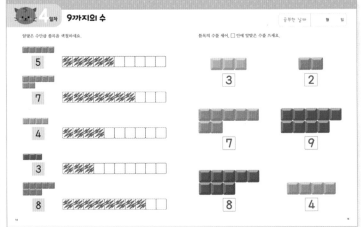

5 이내의 수 가르기

이렇게 지도하세요

5 이내의 수 가르기를 익힙니다. 2가 되는 수, 4가 되는 수, 5가 되는 수를 찾는 반복적인 훈련을 통해 짝꿍이 되는 수를 쉽게 떠올릴 수 있도록 연습합니다. 분배기, 먹이 분할 등의 수식을 이용하여 5 이내의 수 가르기 활동을 해 봅니다.

• 2를 두 수로 가르기

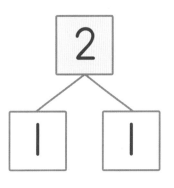

• 3을 두 수로 가르기

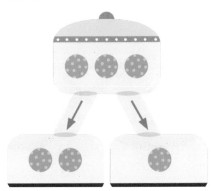
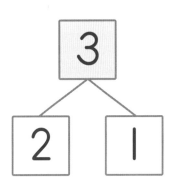

5 이내의 수 가르기

과일을 바구니에 나누어 담아요. 빈 곳에 알맞은 수만큼 ○를 그리세요.

위에 구슬을 넣으면 아래로 나뉘어요. 빈 곳에 알맞은 수만큼 ○를 그리세요.

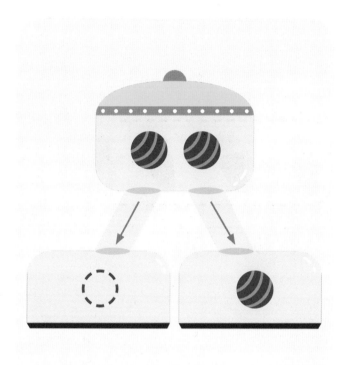

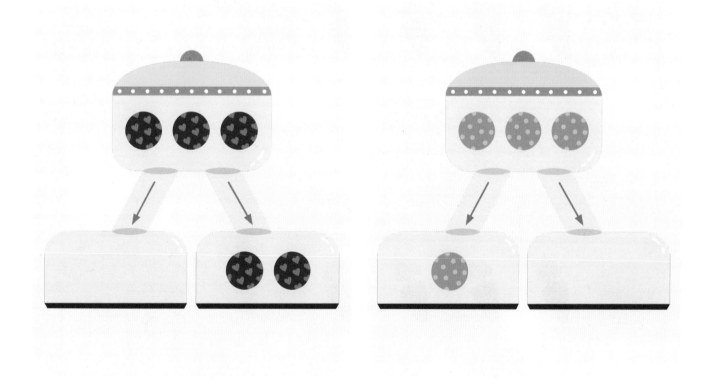

5 이내의 수 가르기

토끼가 당근 4개를 나누어 먹어요. 알맞게 ⊃⊂ 를 그리세요.

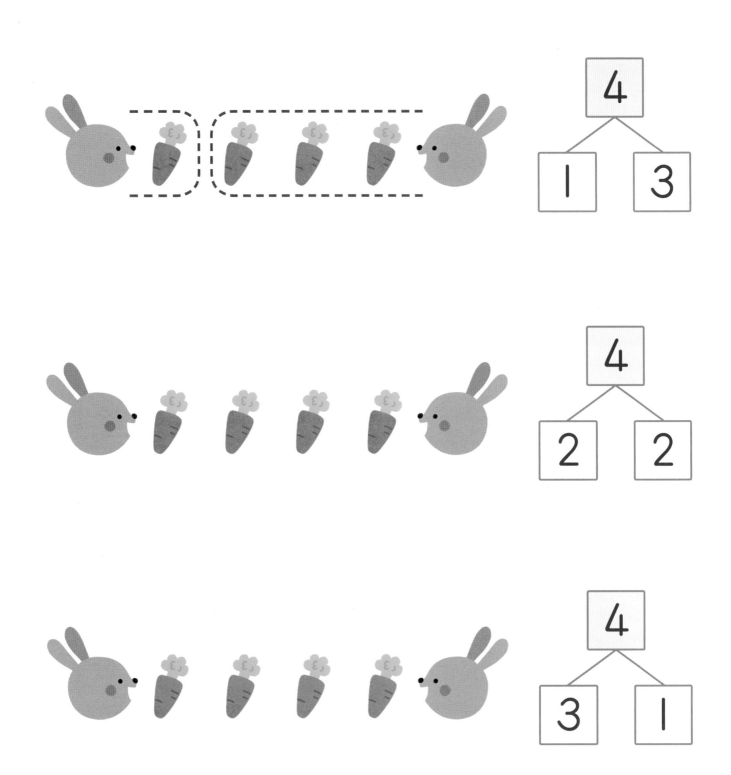

블록 5개를 두 수로 갈라요. 알맞게 |를 그리세요.

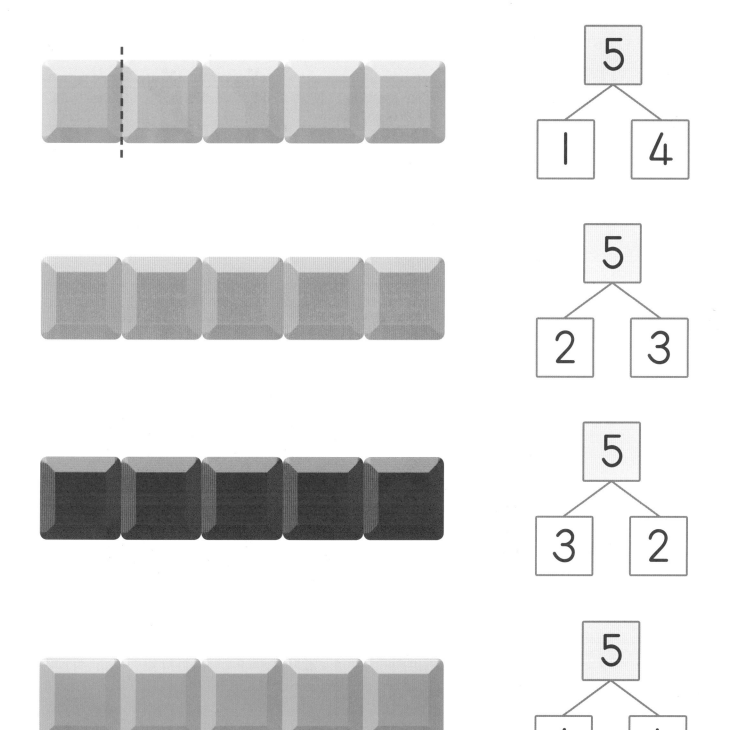

5 이내의 수 가르기

동물들을 두 수로 갈라요. ☐ 안에 알맞은 수를 쓰세요.

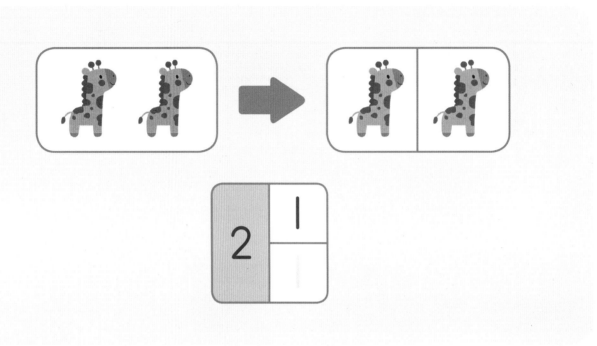

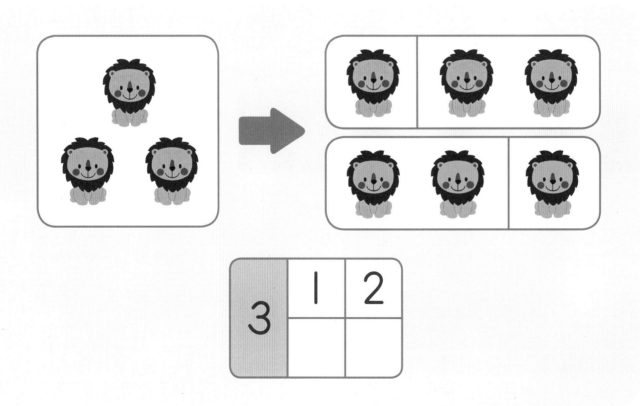

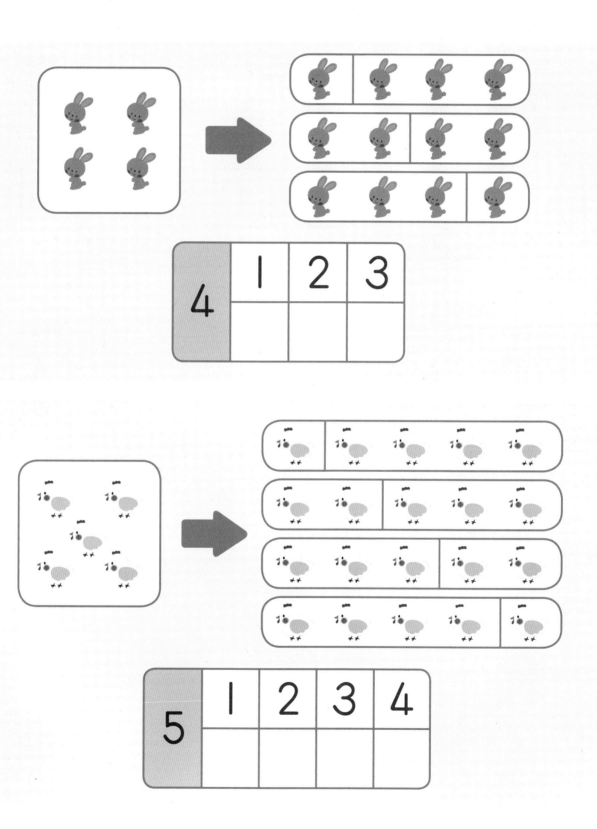

5 이내의 수 가르기

□ 안에 알맞은 수를 쓰세요.

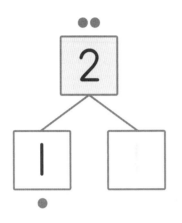

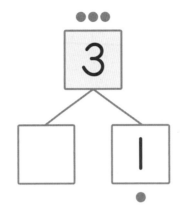

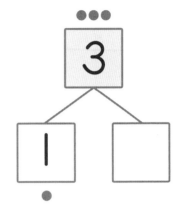

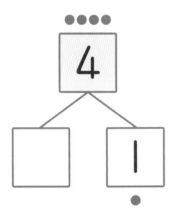

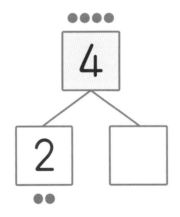

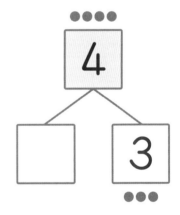

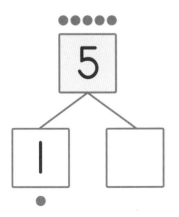

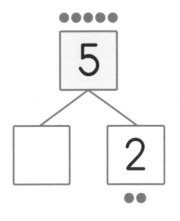

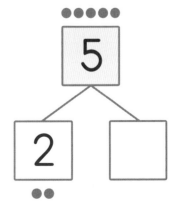

24

□ 안에 알맞은 수를 쓰세요.

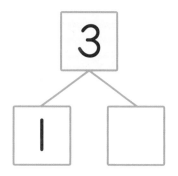

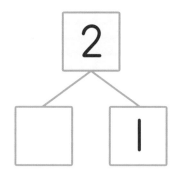

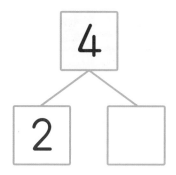

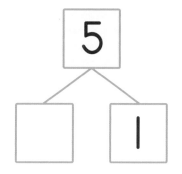

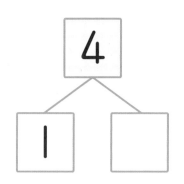

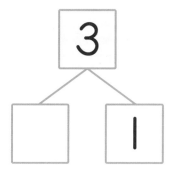

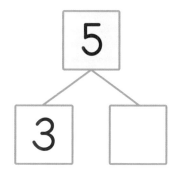

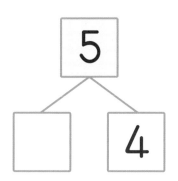

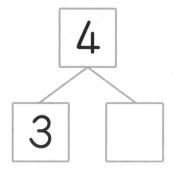

18~19쪽

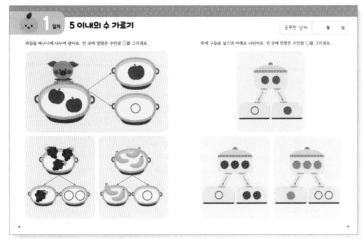

20~21쪽

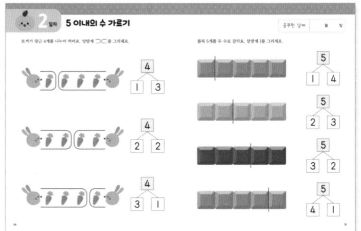

22~23쪽

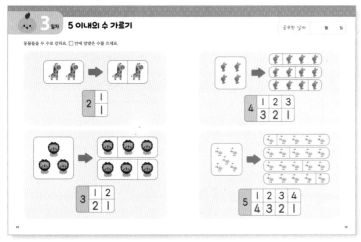

24~25쪽

5 이내의
수 모으기

이렇게 지도하세요

5 이내의 수 모으기를 익힙니다. 수 가르기를 충분히 연습했다면 반대로 수 모으기를 통해 수 감각을 익히도록 합니다. 수 가르기와 모으기 활동은 구성하는 수를 가르고 모으는 과정을 통해 덧셈과 뺄셈의 이해를 도와줍니다.

• 두 수를 2로 모으기

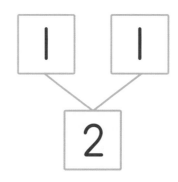

• 두 수를 3으로 모으기

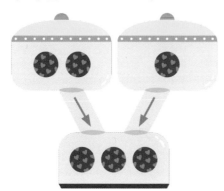

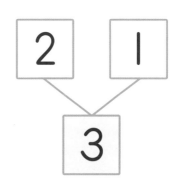

1 일차

5 이내의 수 모으기

동물들을 우리에 모아요. 빈 곳에 알맞은 수만큼 ○를 그리세요.

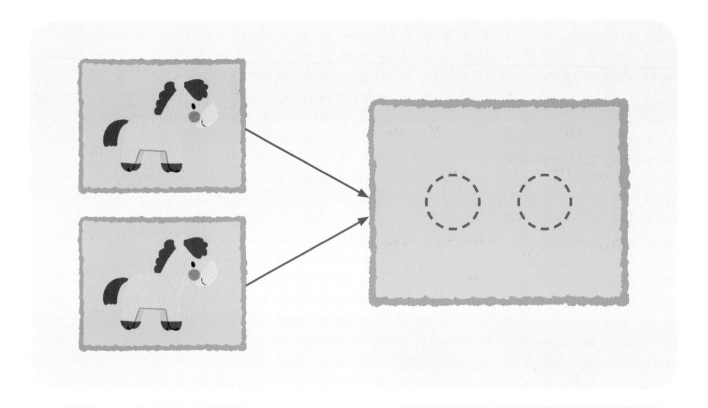

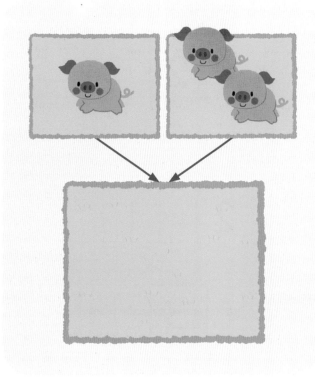

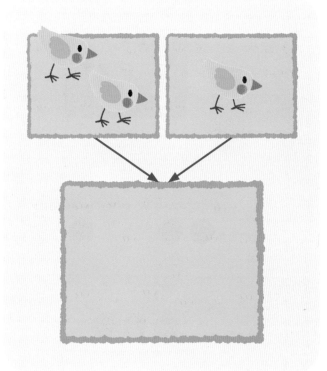

위에 구슬을 넣으면 아래에서 모여요. 빈 곳에 알맞은 수만큼 ○를 그리세요.

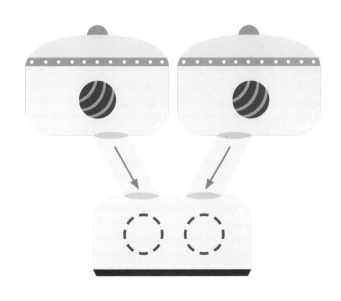

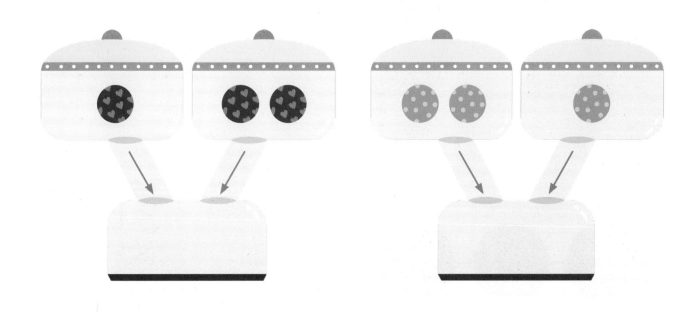

5 이내의 수 모으기

구슬 4개를 모아요. 알맞은 수만큼 ○를 그리세요.

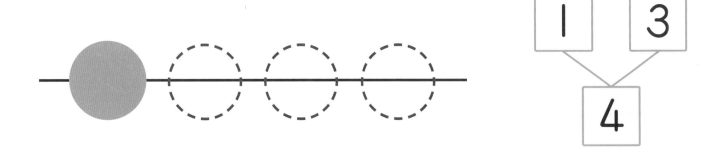

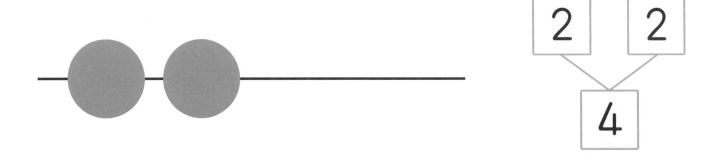

블록 5개를 모아요. 알맞은 수만큼 서로 다른 색깔로 블록을 색칠하세요.

3 일차 5 이내의 수 모으기

곤충들을 모아요. ☐ 안에 알맞은 수를 쓰세요.

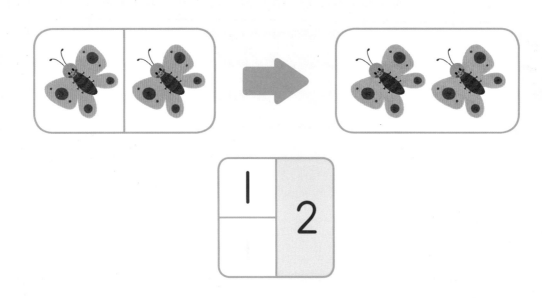

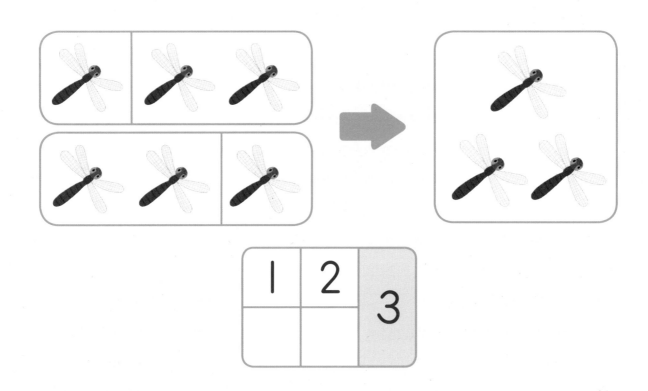

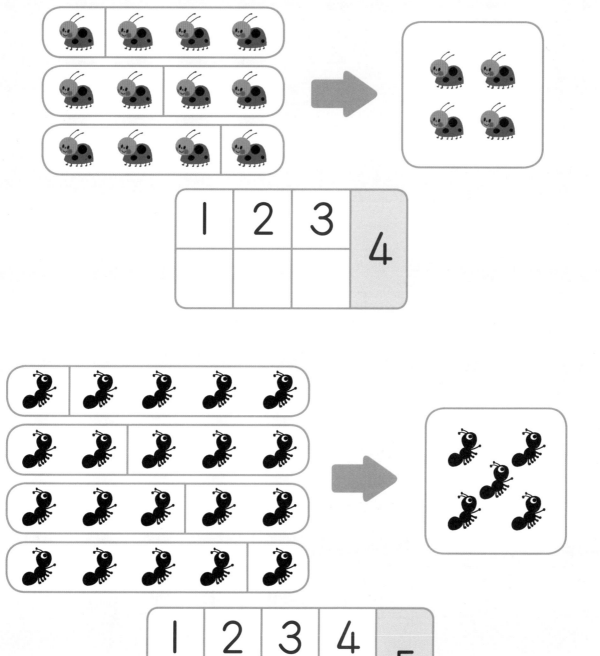

5 이내의 수 모으기

□ 안에 알맞은 수를 쓰세요.

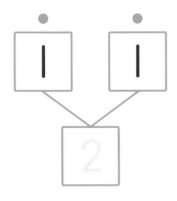

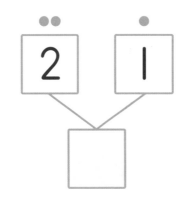

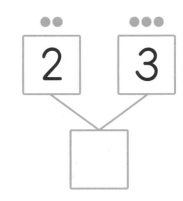

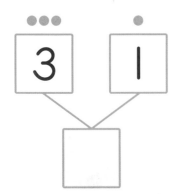

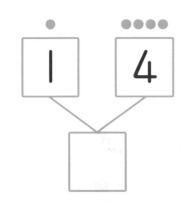

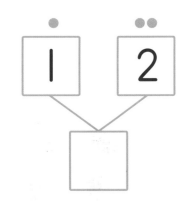

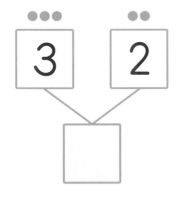

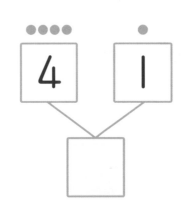

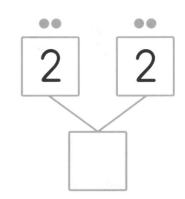

□ 안에 알맞은 수를 쓰세요.

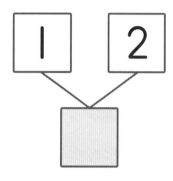

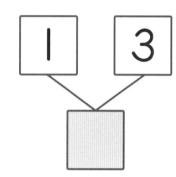

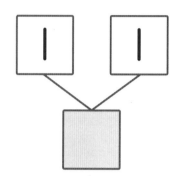

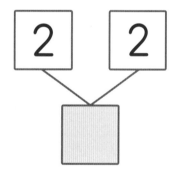

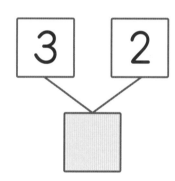

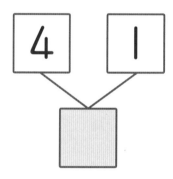

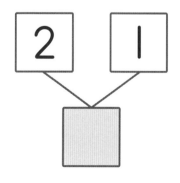

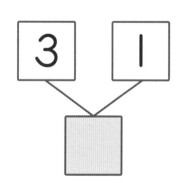

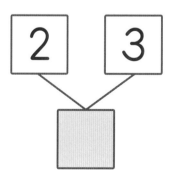

28~29쪽

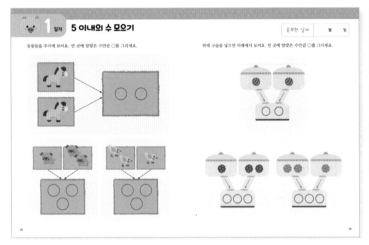

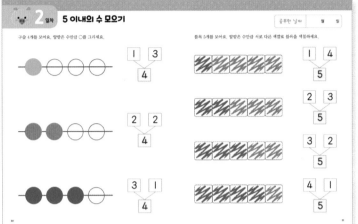

30~31쪽

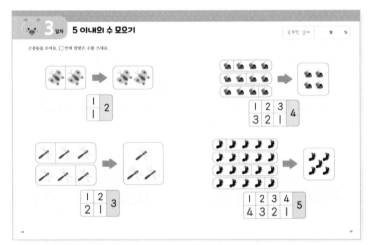

32~33쪽

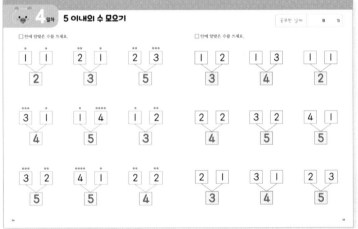

34~35쪽

4단계

6, 7 가르기

이렇게 지도하세요

6, 7을 두 수로 갈라 봅니다. 6이 되는 수, 7이 되는 수를 찾는 반복적인 훈련을 통해 짝꿍이 되는 수를 쉽게 떠올릴 수 있도록 연습합니다. 분배기, 먹이 분할 등의 수식을 이용하여 6, 7 가르기 활동을 해 봅니다.

• 6을 두 수로 가르기

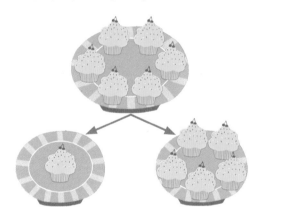 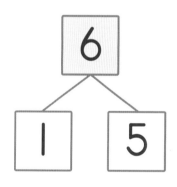

• 7을 두 수로 가르기

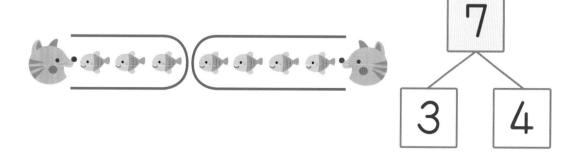

6, 7 가르기

컵케이크를 접시에 나누어 담아요. 빈 곳에 알맞은 수만큼 ○를 그리세요.

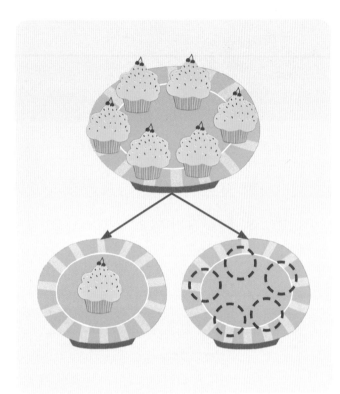

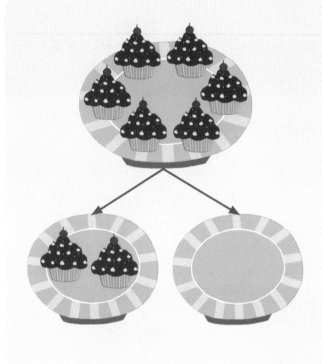

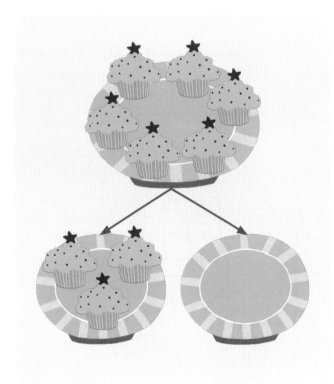

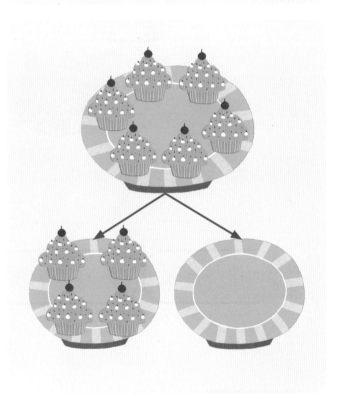

위에 구슬을 넣으면 아래로 나뉘어요. 빈 곳에 알맞은 수만큼 ○를 그리세요.

6, 7 가르기

고양이가 물고기 6마리를 나누어 먹어요. 알맞게 ⊃⊂를 그리세요.

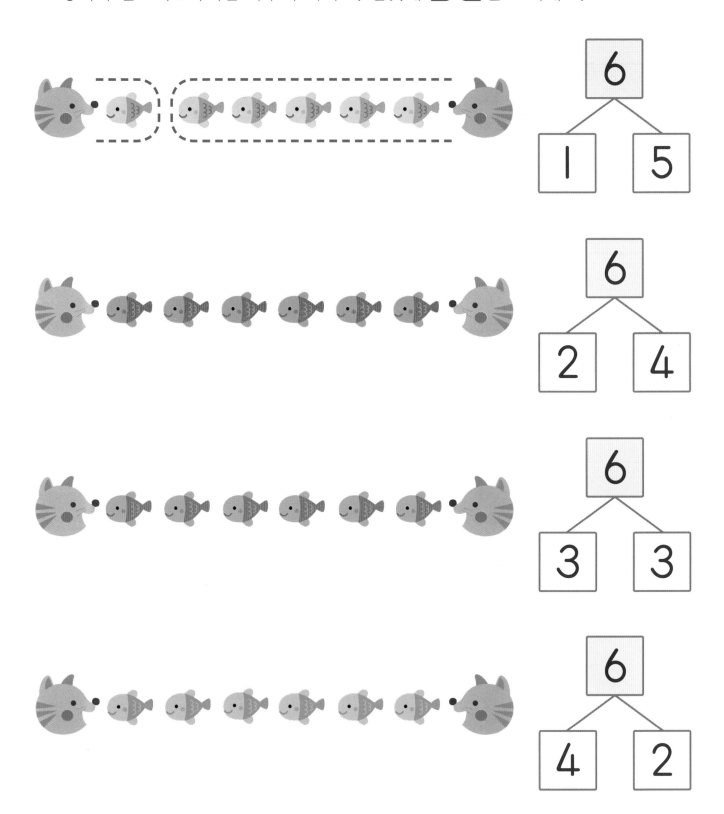

블록 7개를 둘로 갈라요. 알맞게 |를 그리세요.

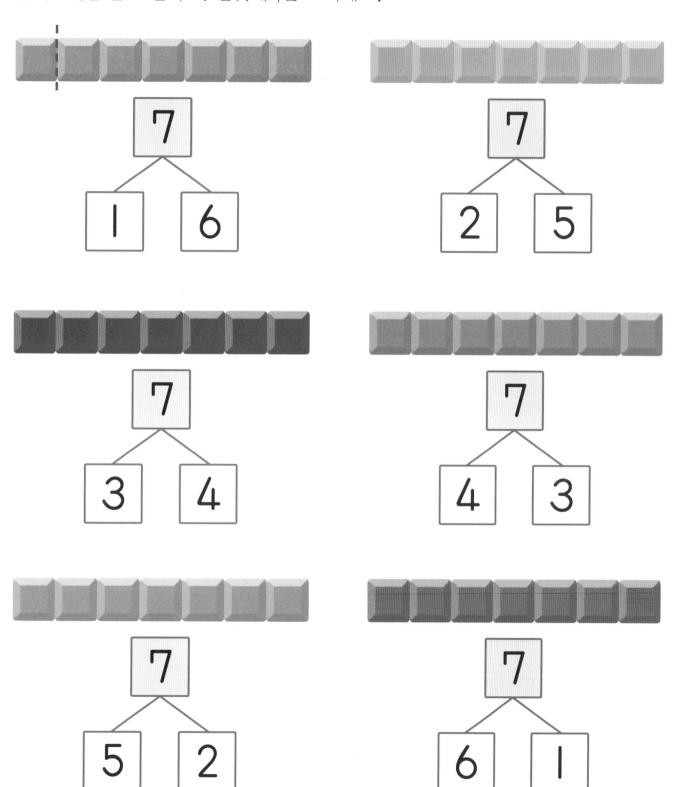

6, 7 가르기

블록 6개를 둘로 나누어 |를 그리고, ☐ 안에 알맞은 수를 쓰세요.

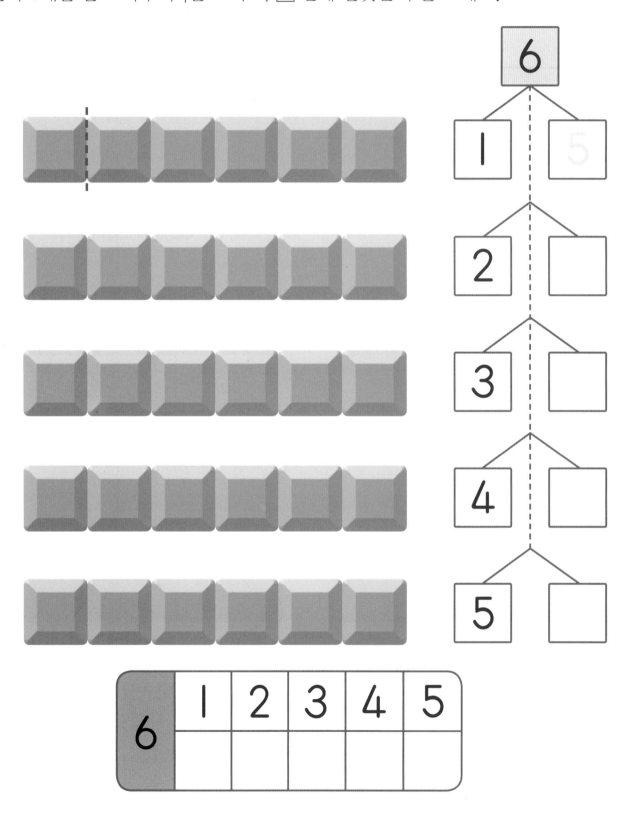

블록 7개를 둘로 나누어 |를 그리고, ☐ 안에 알맞은 수를 쓰세요.

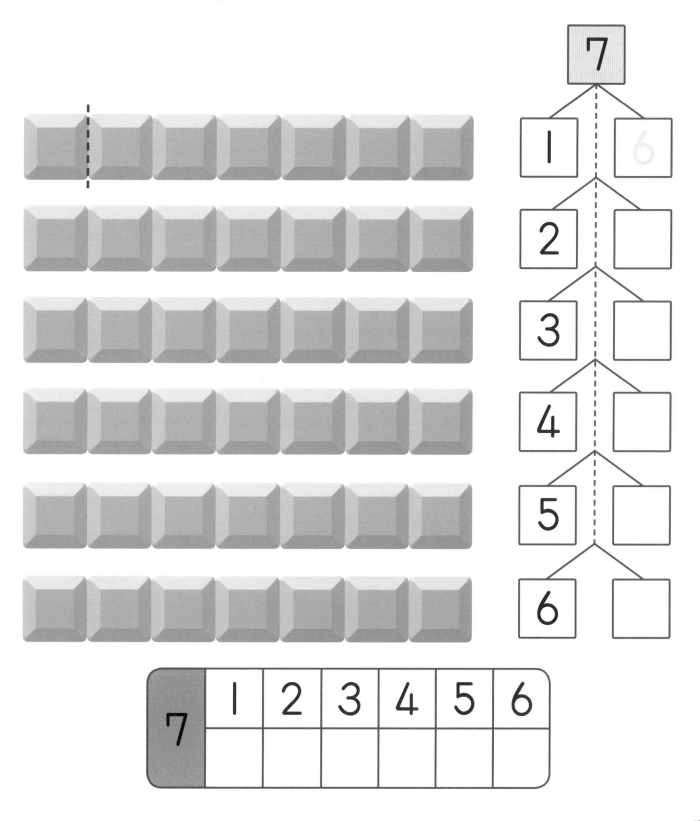

6, 7 가르기

□ 안에 알맞은 수를 쓰세요.

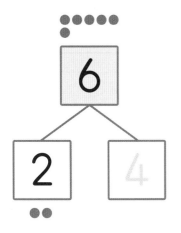

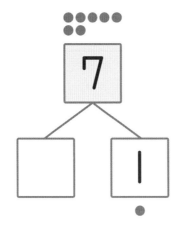

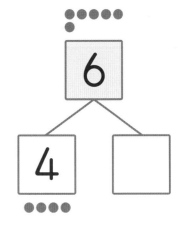

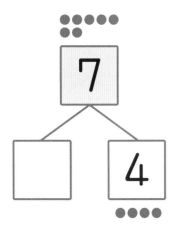

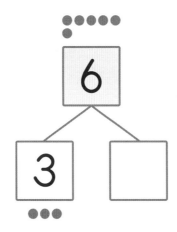

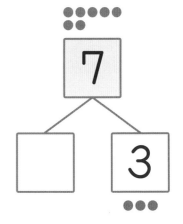

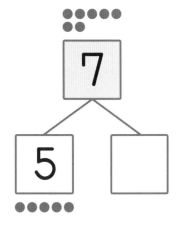

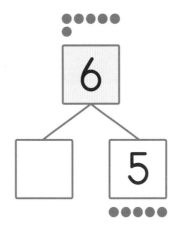

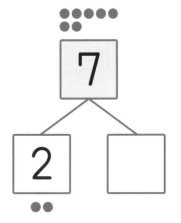

☐ 안에 알맞은 수를 쓰세요.

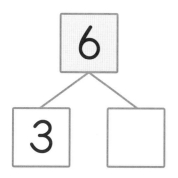

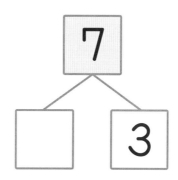

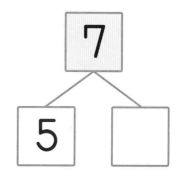

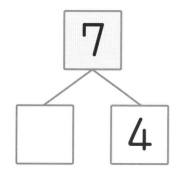

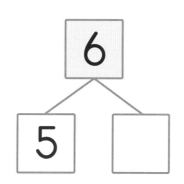

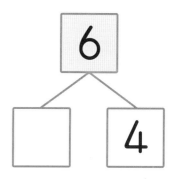

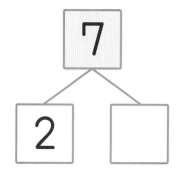

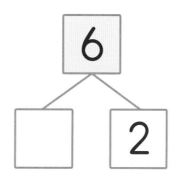

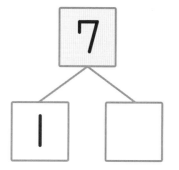

38~39쪽

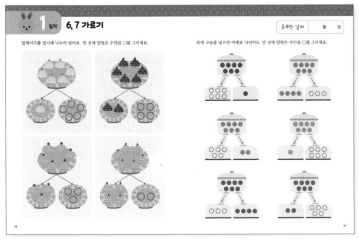

40~41쪽

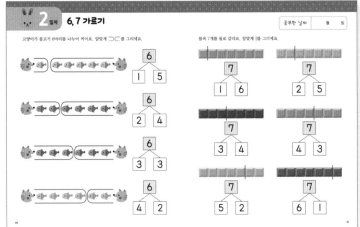

42~43쪽

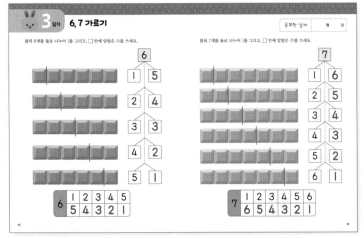

44~45쪽

8, 9 가르기

이렇게 지도하세요

8, 9를 두 수로 갈라 봅니다. 8이 되는 수, 9가 되는 수를 찾는 반복적인 훈련을 통해 짝꿍이 되는 수를 쉽게 떠올릴 수 있도록 연습합니다. 분배기, 먹이 분할 등의 수식을 이용하여 8, 9 가르기 활동을 해 봅니다.

- 8을 두 수로 가르기

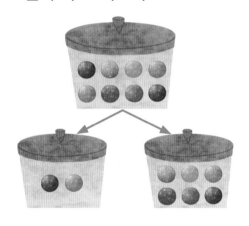
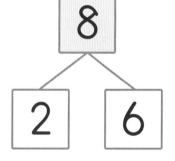

- 9를 두 수로 가르기

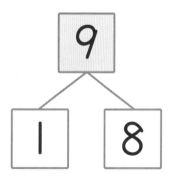

1 일차 8, 9 가르기

유리병에 사탕을 나누어 담아요. 빈 곳에 알맞은 수만큼 ◯를 그리세요.

위에 구슬을 넣으면 아래로 나뉘어요. 빈 곳에 알맞은 수만큼 ○를 그리세요.

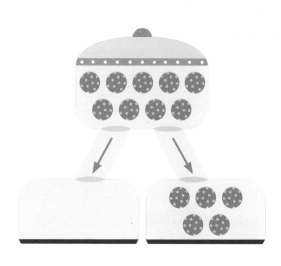

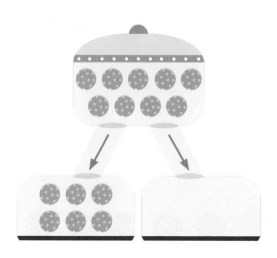

8, 9 가르기

곰이 사과 8개를 나누어 먹어요. 알맞게 ⊃⊂를 그리세요.

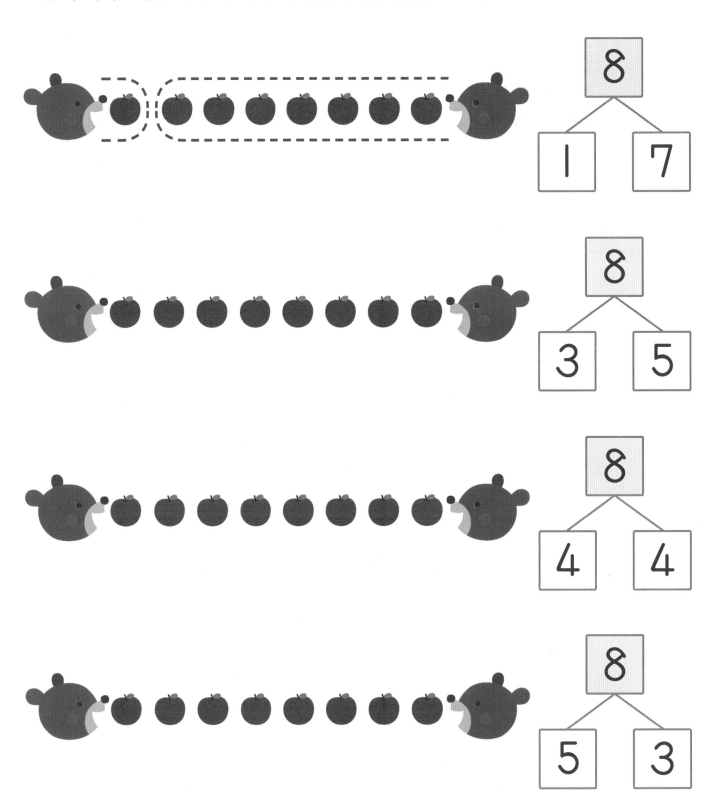

블록 9개를 둘로 갈라요. 알맞게 |를 그리세요.

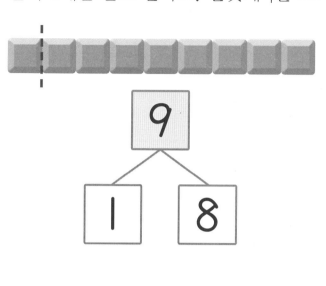

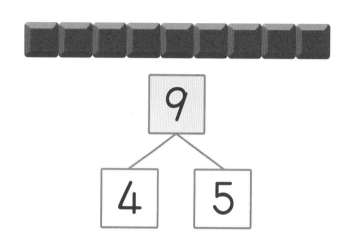

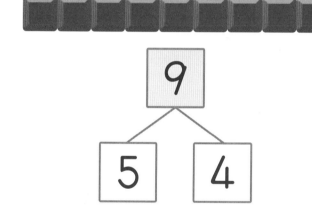

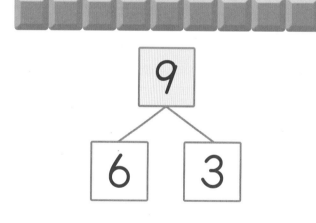

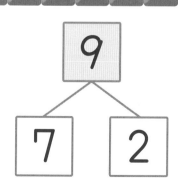

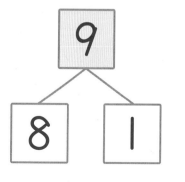

8, 9 가르기

블록 8개를 둘로 나누어 |를 그리고, ☐ 안에 알맞은 수를 쓰세요.

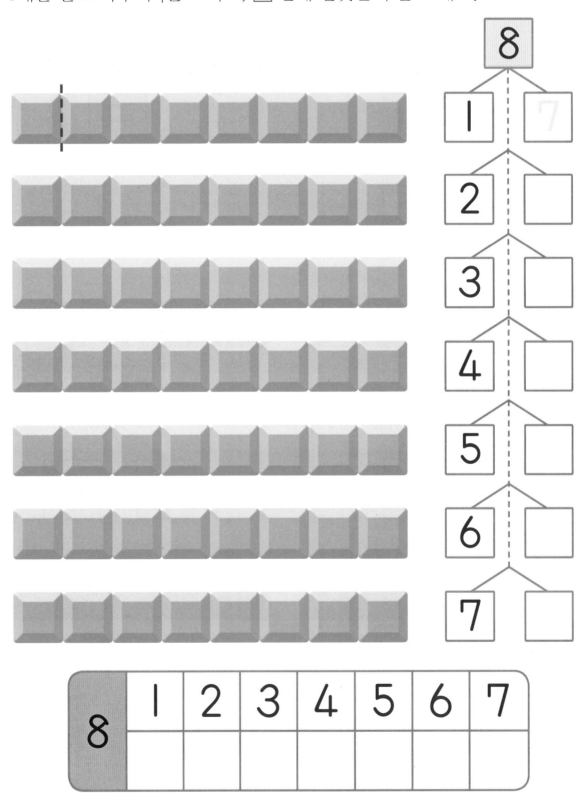

블록 9개를 둘로 나누어 |를 그리고, ☐ 안에 알맞은 수를 쓰세요.

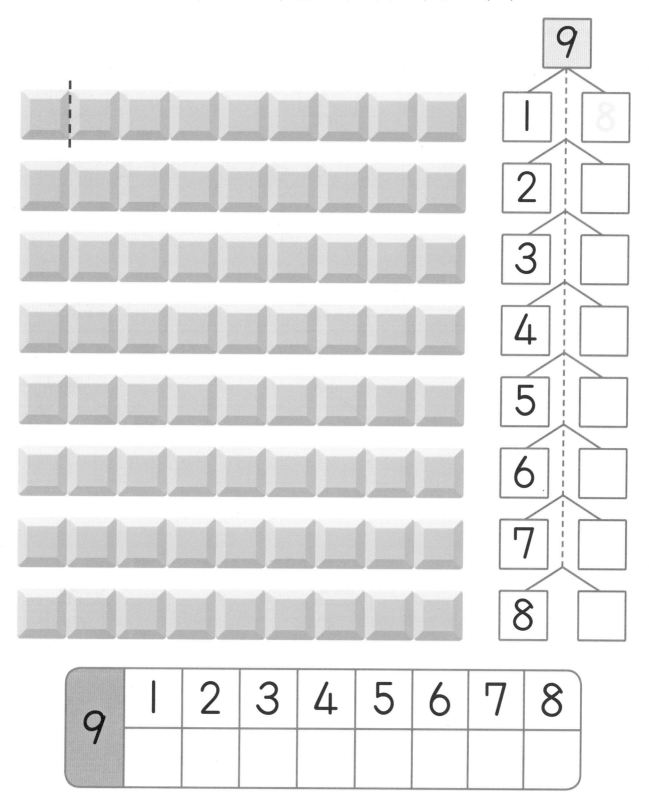

8, 9 가르기

□ 안에 알맞은 수를 쓰세요.

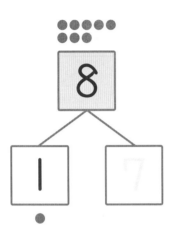

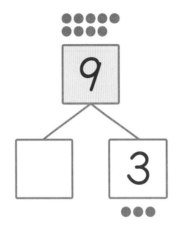

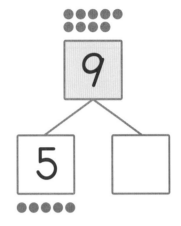

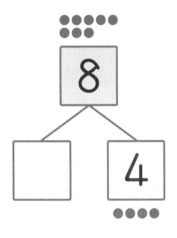

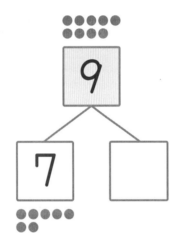

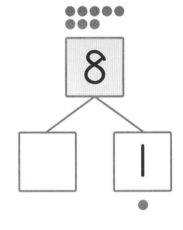

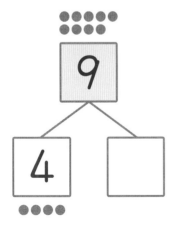

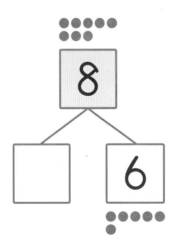

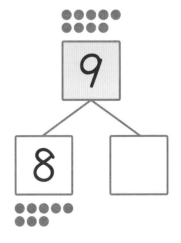

□ 안에 알맞은 수를 쓰세요.

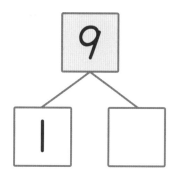

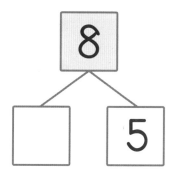

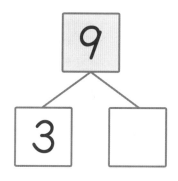

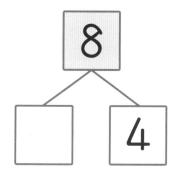

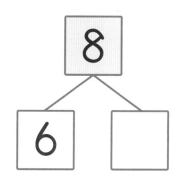

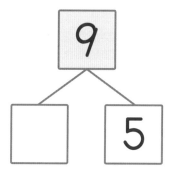

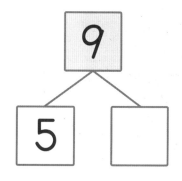

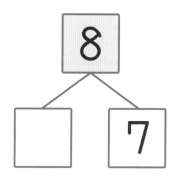

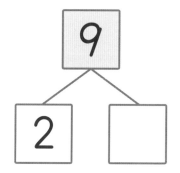

48~49쪽

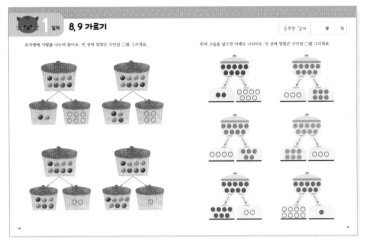

50~51쪽

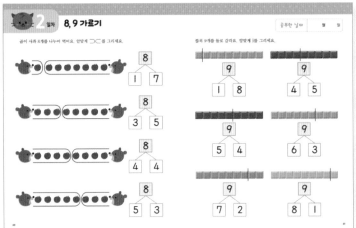

52~53쪽

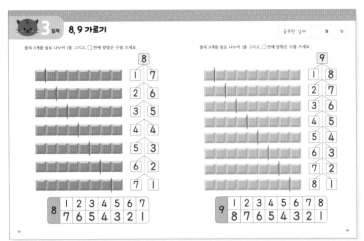

54~55쪽

이렇게 지도하세요

두 수를 6, 7로 모아 봅니다. 모아서 6이 되는 수, 모아서 7이 되는 수를 찾는 반복적인 훈련을 통해 짝꿍이 되는 수를 쉽게 떠올릴 수 있도록 연습합니다. 분배기, 블록 등의 수식을 이용하여 6, 7 모으기 활동을 해 봅니다.

• 두 수를 6으로 모으기

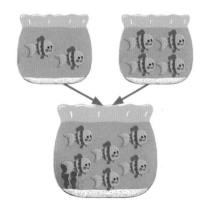
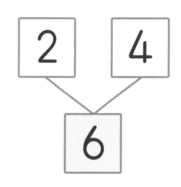

• 두 수를 7로 모으기

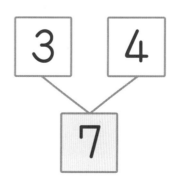

1 일차 6, 7 모으기

물고기를 어항에 모아요. 빈 곳에 알맞은 수만큼 ○를 그리세요.

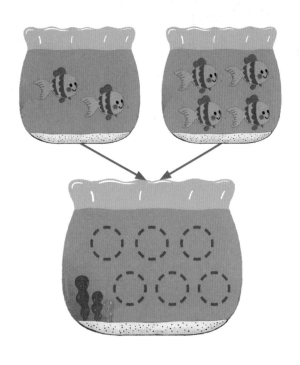

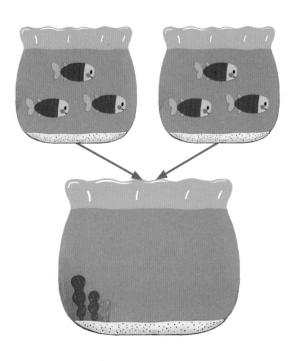

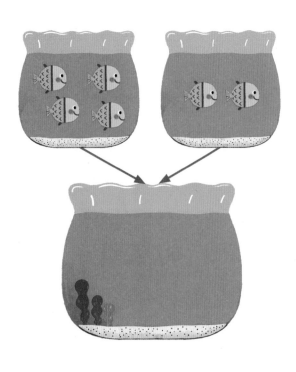

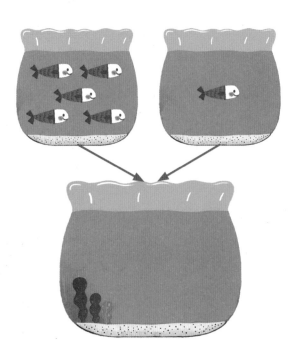

위에 구슬을 넣으면 아래로 모여요. 빈 곳에 알맞은 수만큼 ○를 그리세요.

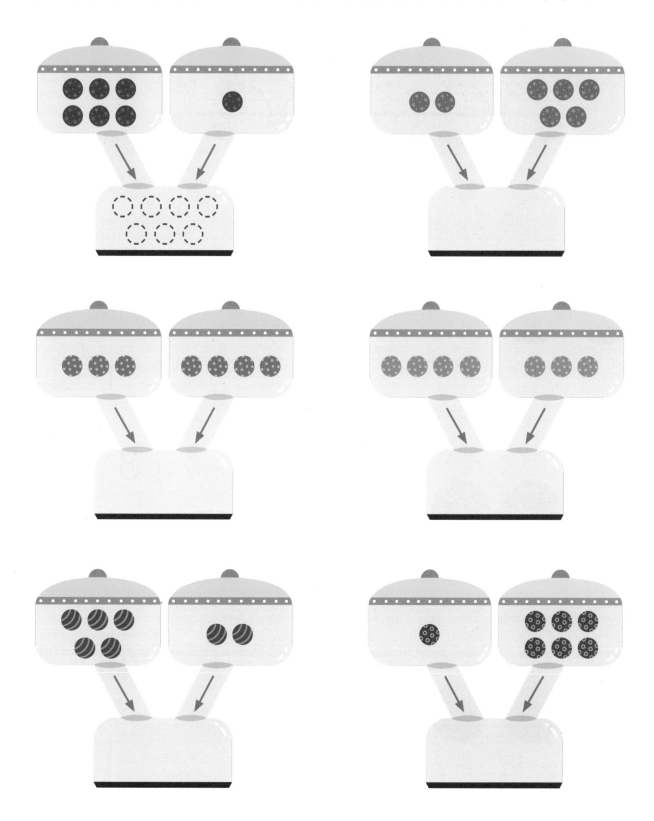

6, 7 모으기

구슬 6개를 모아요. 알맞은 수만큼 ○를 그리세요.

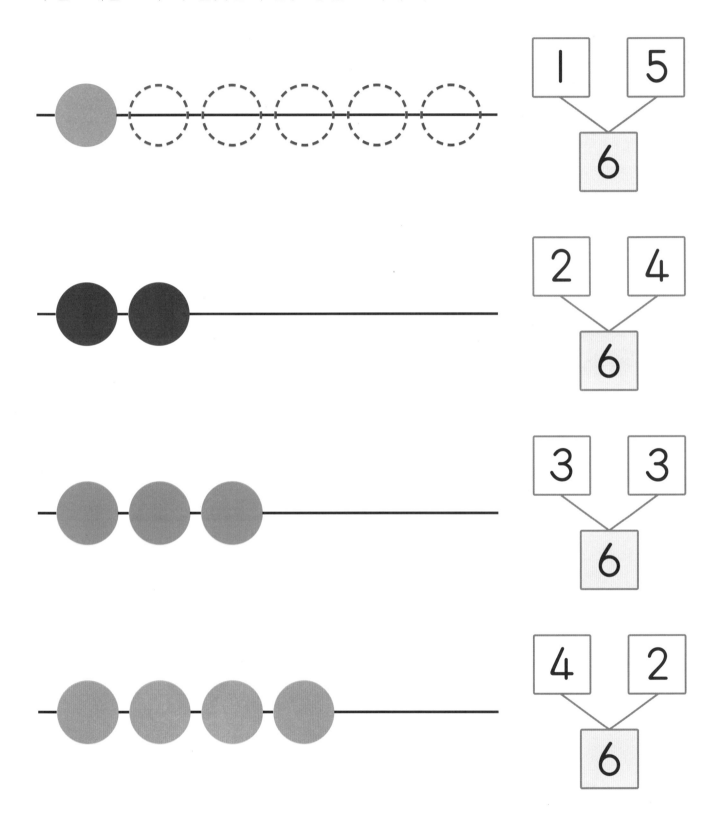

블록 7개를 모아요. 알맞은 수만큼 서로 다른 색깔로 블록을 색칠하세요.

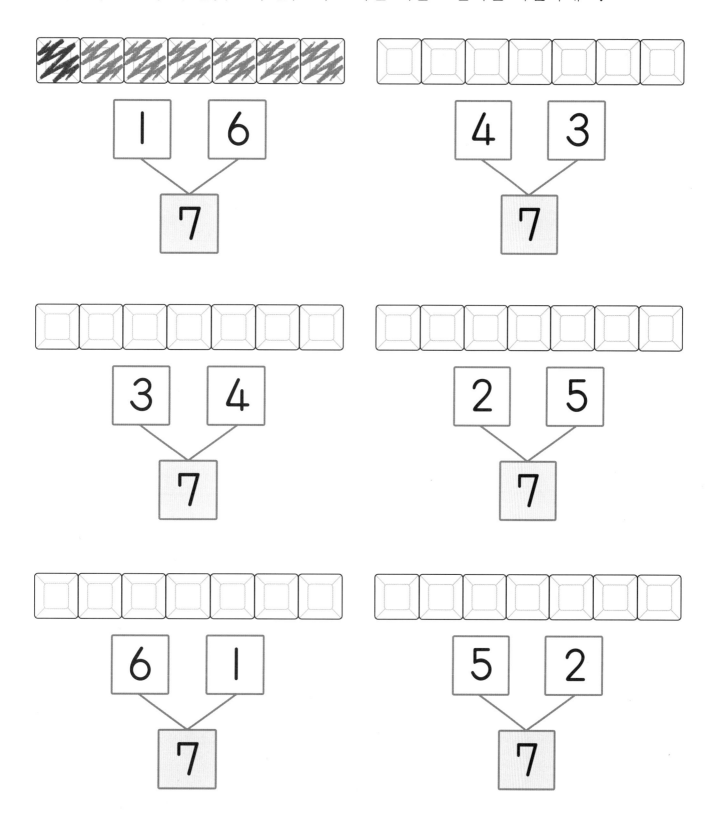

6, 7 모으기

모은 수만큼 서로 다른 색깔로 블록을 색칠하고, ☐ 안에 알맞은 수를 쓰세요.

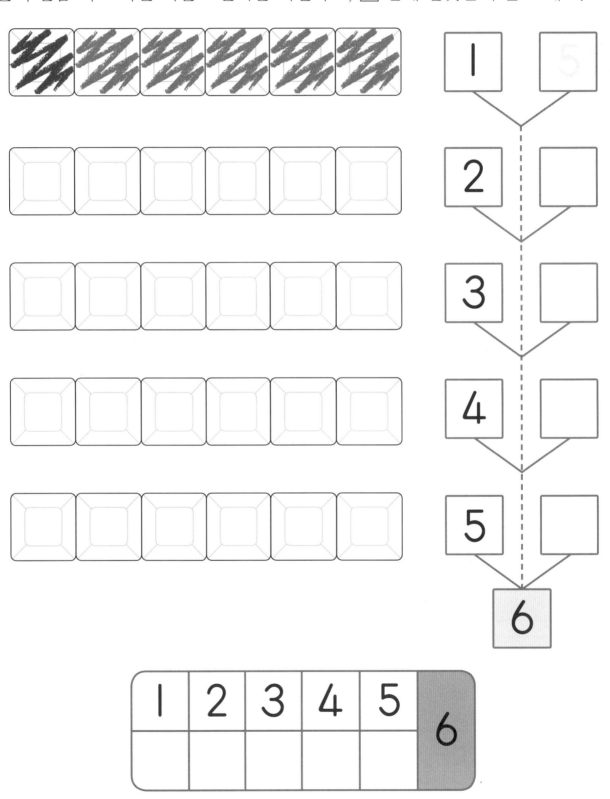

모은 수만큼 서로 다른 색깔로 블록을 색칠하고, ☐ 안에 알맞은 수를 쓰세요.

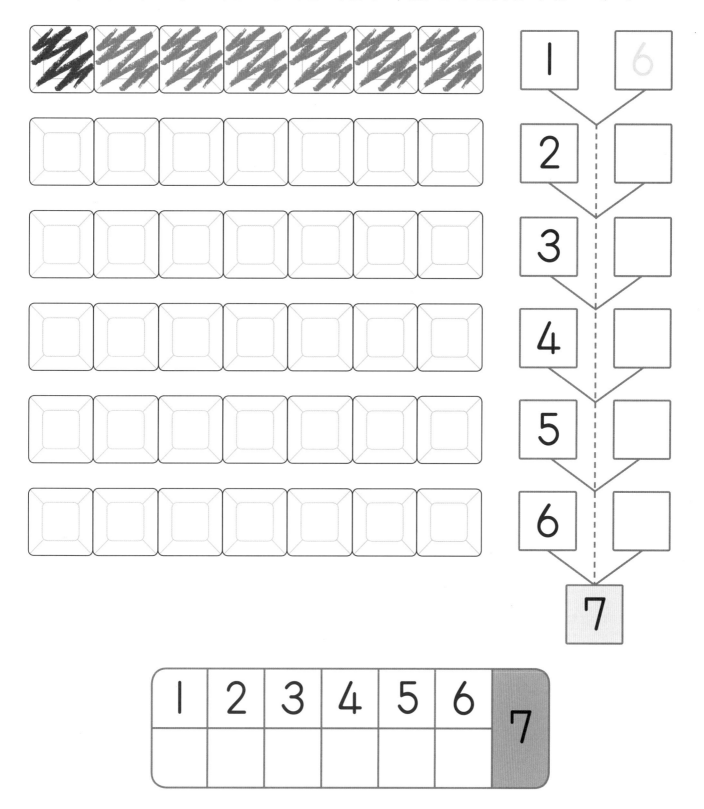

6, 7 모으기

□ 안에 알맞은 수를 쓰세요.

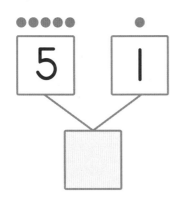

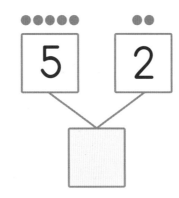

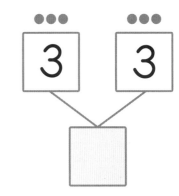

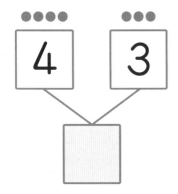

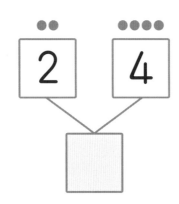

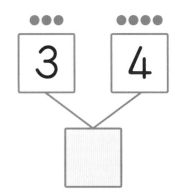

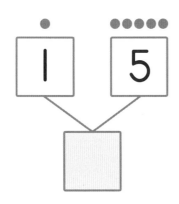

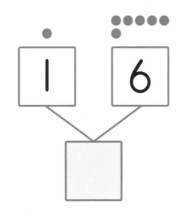

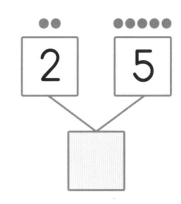

□ 안에 알맞은 수를 쓰세요.

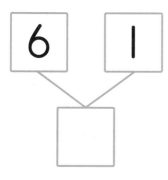

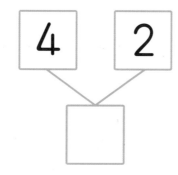

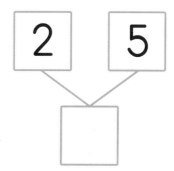

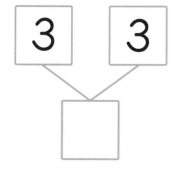

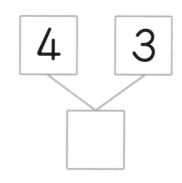

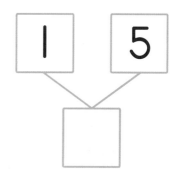

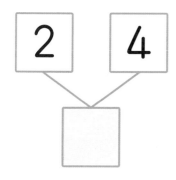

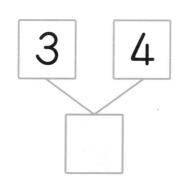

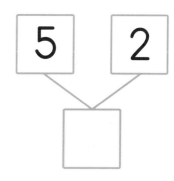

6단계
6, 7 모으기

58~59쪽

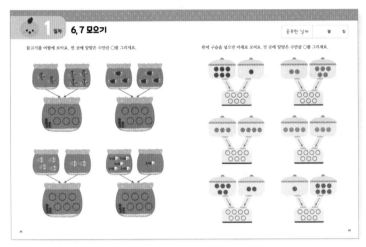

60~61쪽

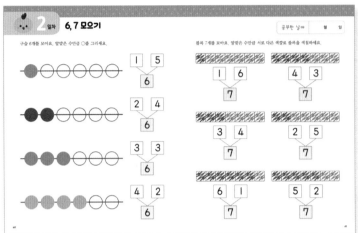

62~63쪽

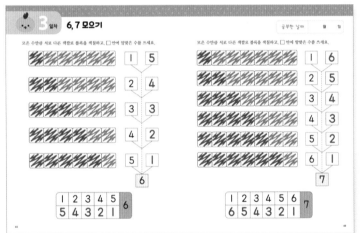

64~65쪽

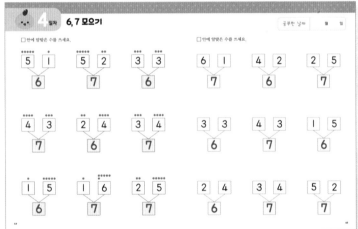

8, 9 모으기

이렇게 지도하세요

두 수를 8, 9로 모아 봅니다. 모아서 8이 되는 수, 모아서 9가 되는 수를 찾는 반복적인 훈련을 통해 짝꿍이 되는 수를 쉽게 떠올릴 수 있도록 연습합니다. 분배기, 블록 등의 수식을 이용하여 8, 9 모으기 활동을 해 봅니다.

- 두 수를 8로 모으기

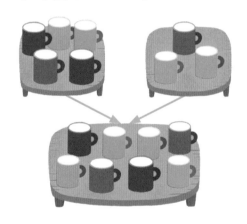

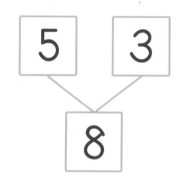

- 두 수를 9로 모으기

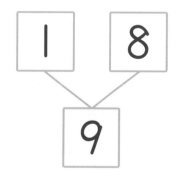

1 일차   8, 9 모으기

컵을 상 위에 모아요. 빈 곳에 알맞은 수만큼 ○를 그리세요.

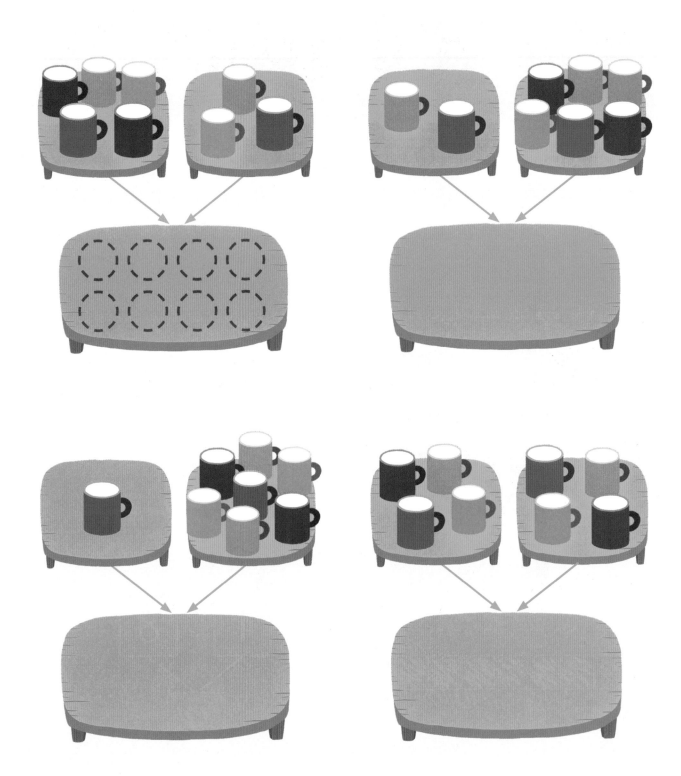

위에 구슬을 넣으면 아래로 모여요. 빈 곳에 알맞은 수만큼 ◯를 그리세요.

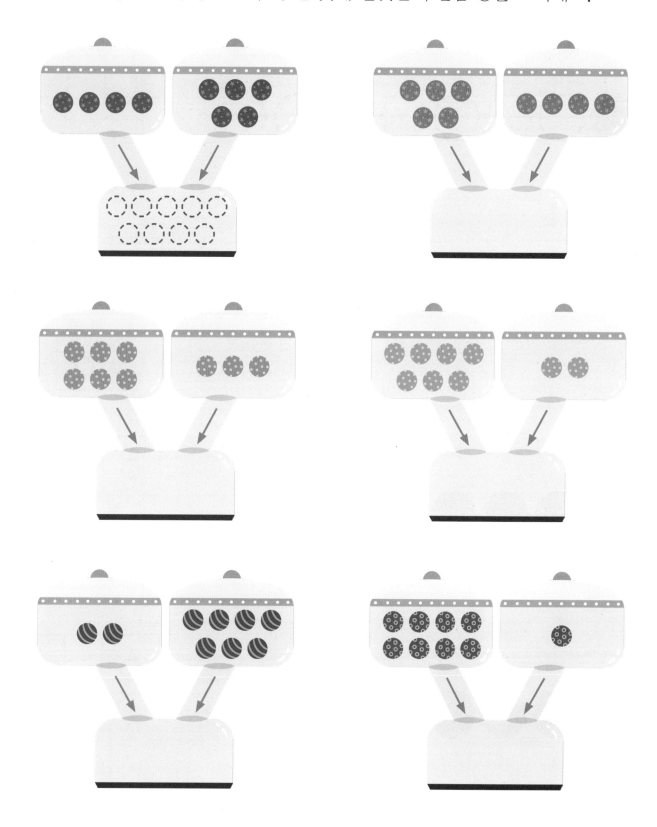

2 일차　　8, 9 모으기

구슬 8개를 모아요. 알맞은 수만큼 ○를 그리세요.

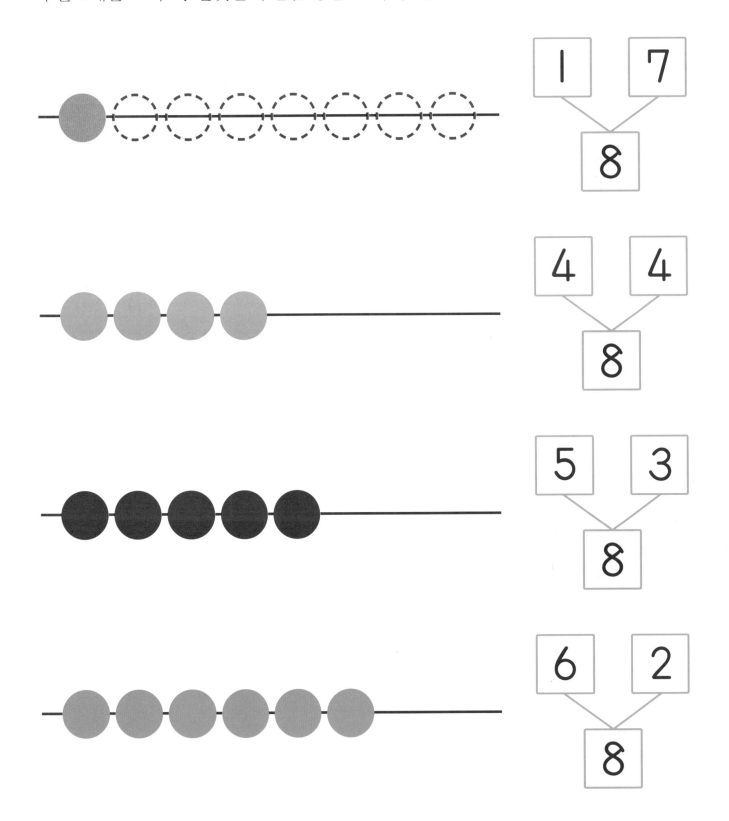

블록 9개를 모아요. 알맞은 수만큼 서로 다른 색깔로 블록을 색칠하세요.

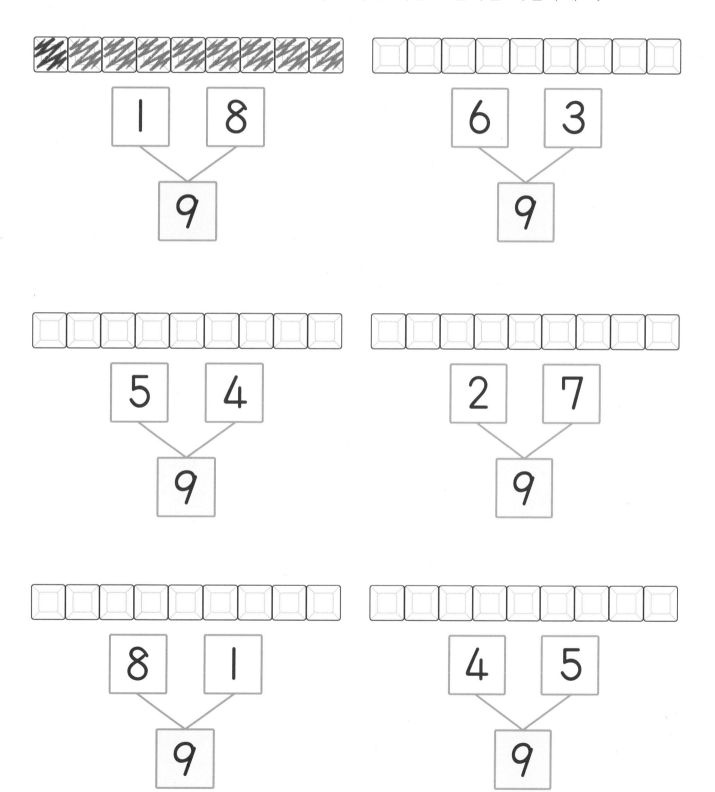

3 일차 8, 9 모으기

모은 수만큼 서로 다른 색깔로 블록을 색칠하고, ☐ 안에 알맞은 수를 쓰세요.

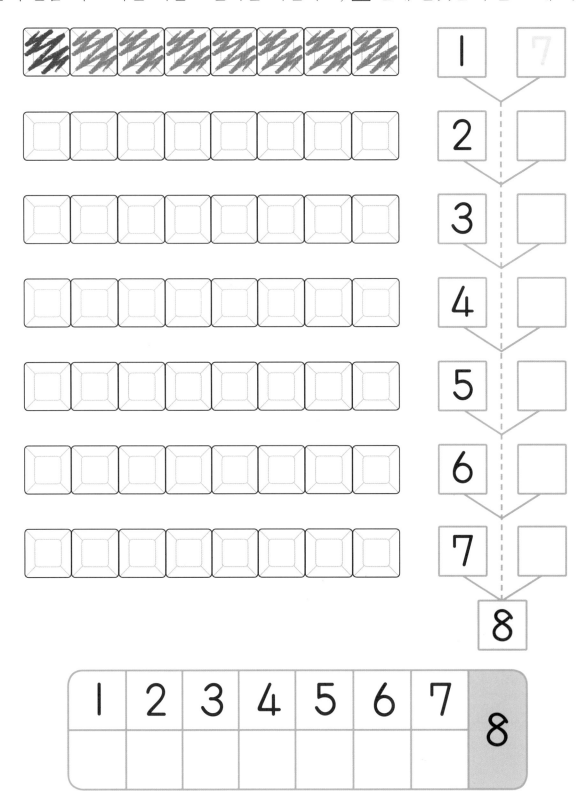

모은 수만큼 서로 다른 색깔로 블록을 색칠하고, □ 안에 알맞은 수를 쓰세요.

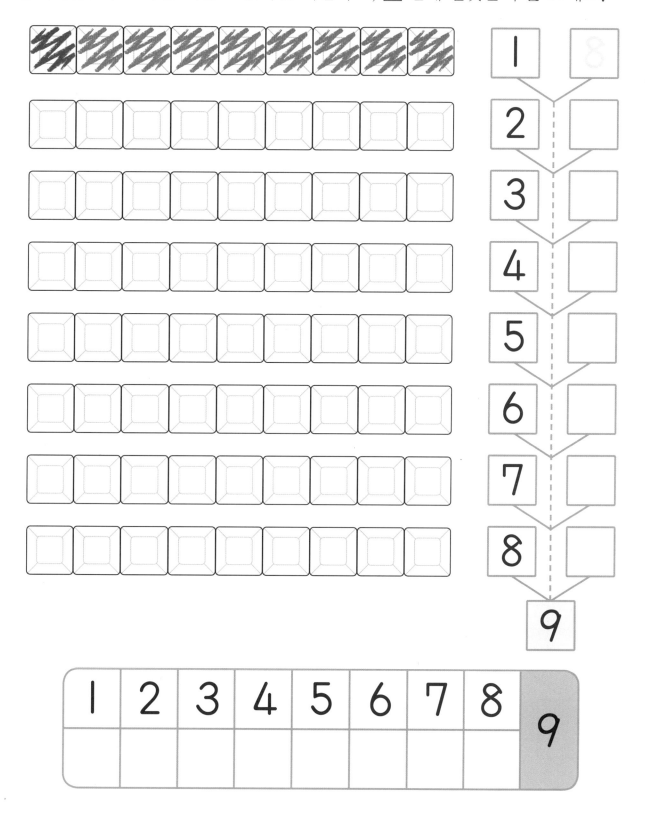

4 일차 8, 9 모으기

□ 안에 알맞은 수를 쓰세요.

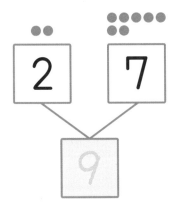

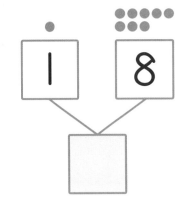

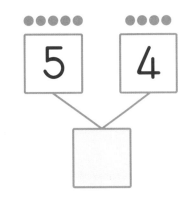

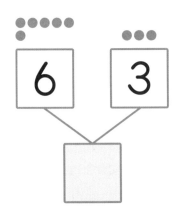

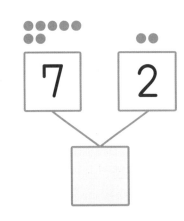

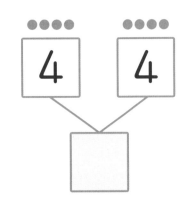

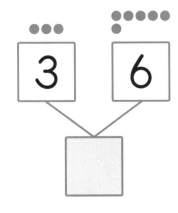

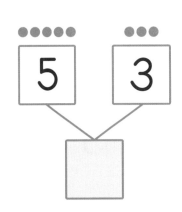

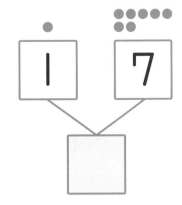

□ 안에 알맞은 수를 쓰세요.

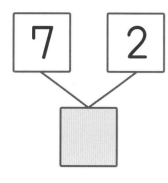

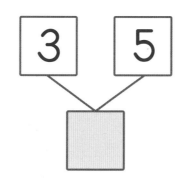

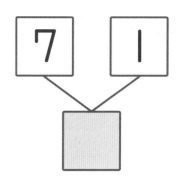

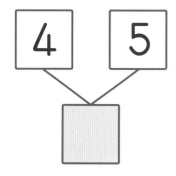

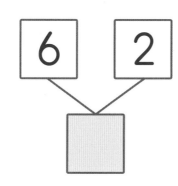

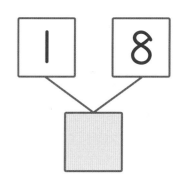

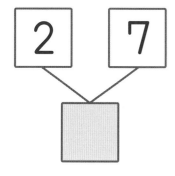

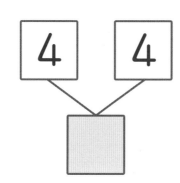

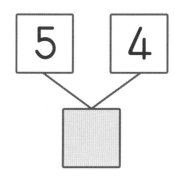

68~69쪽

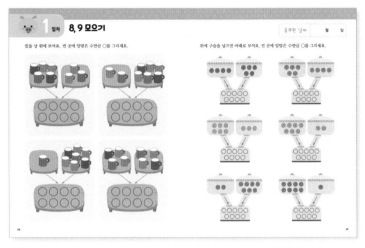

70~71쪽

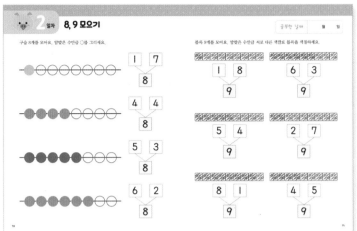

72~73쪽

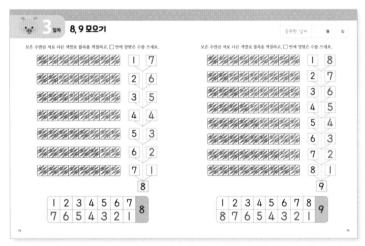

74~75쪽

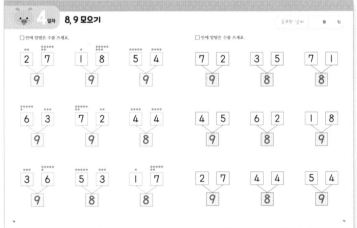

9 이내의 수 가르기와 모으기

이렇게 지도하세요

앞 단계에서는 9 이내의 수 가르기와 모으기를 순차적으로 경험하며 수 감각을 익혔습니다. 다양한 가르기와 모으기 활동을 통해 8은 3과 5로 나눌 수 있으며 3과 5를 모으면 8이 된다는 것을 숫자만으로도 알게 됩니다.

• 8을 두 수로 가르기

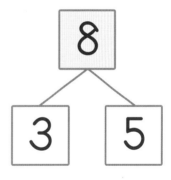

• 두 수를 8로 모으기

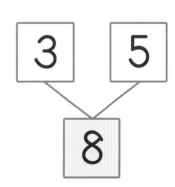

9 이내의 수 가르기와 모으기

알맞게 ⊃⊂를 그리고, ☐ 안에 알맞은 수를 쓰세요.

□ 안에 알맞은 수를 쓰세요.

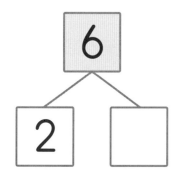

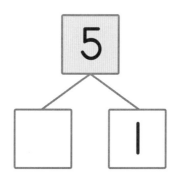

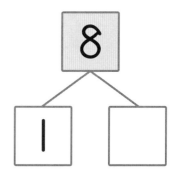

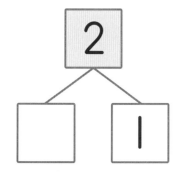

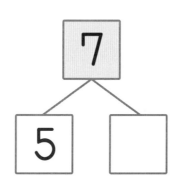

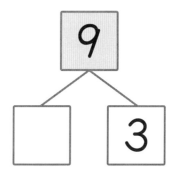

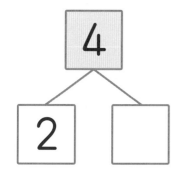

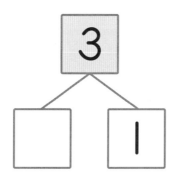

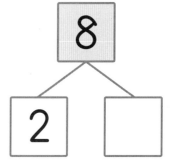

9 이내의 수 가르기와 모으기

알맞은 수만큼 ◯를 그리고, ☐ 안에 알맞은 수를 쓰세요.

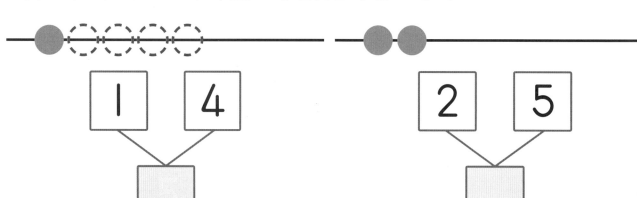

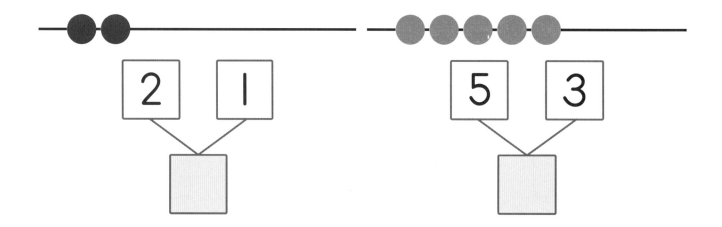

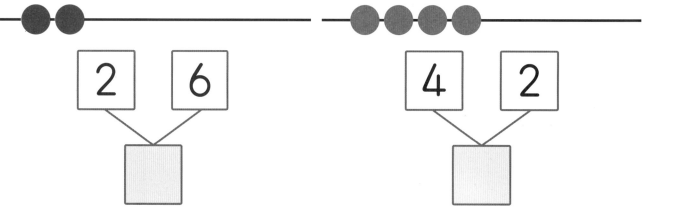

□ 안에 알맞은 수를 쓰세요.

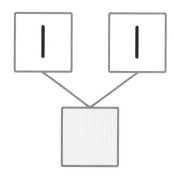

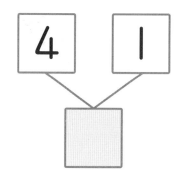

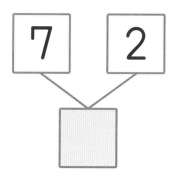

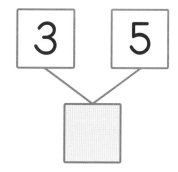

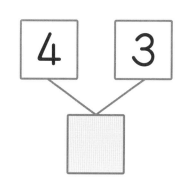

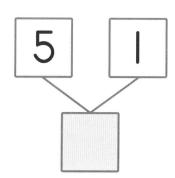

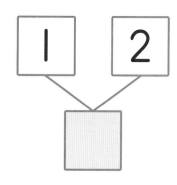

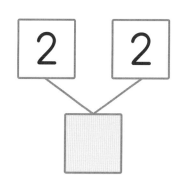

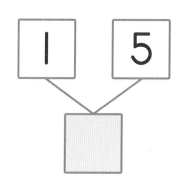

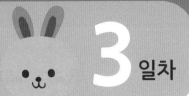

9 이내의 수 가르기와 모으기

알맞게 |를 그리고, ☐ 안에 알맞은 수를 쓰세요.

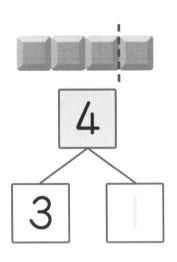

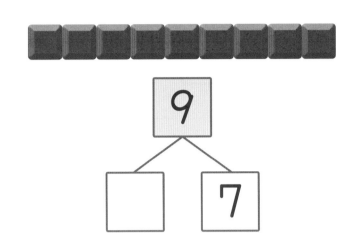

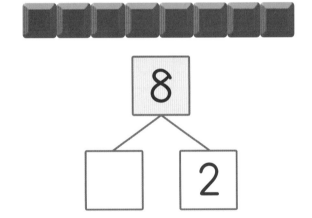

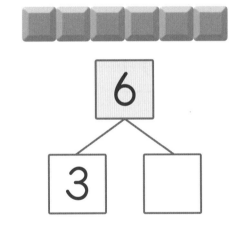

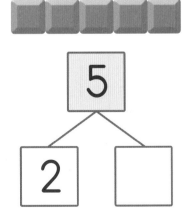

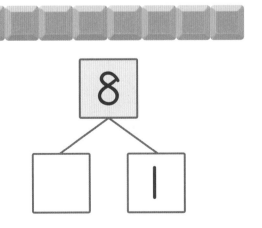

안에 알맞은 수를 쓰세요.

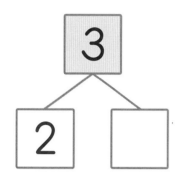

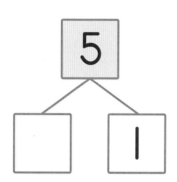

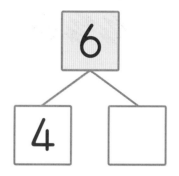

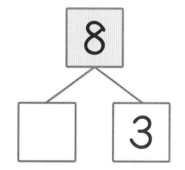

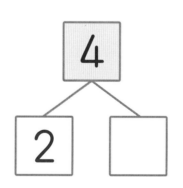

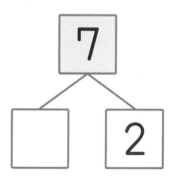

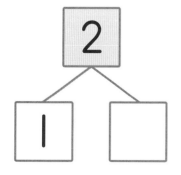

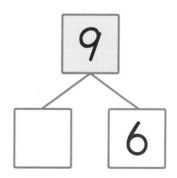

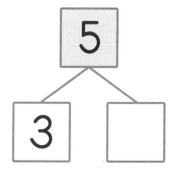

9 이내의 수 가르기와 모으기

알맞은 수만큼 서로 다른 색깔로 블록을 색칠하고, □ 안에 알맞은 수를 쓰세요.

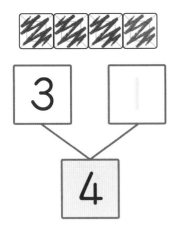

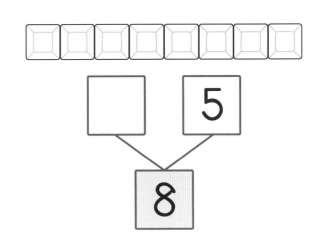

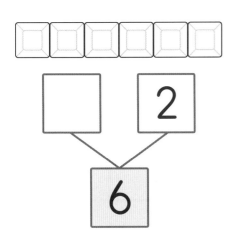

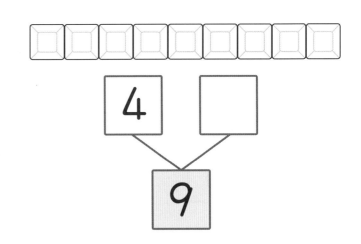

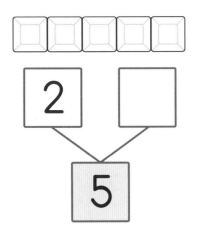

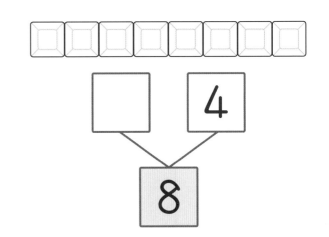

□ 안에 알맞은 수를 쓰세요.

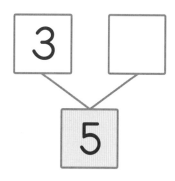

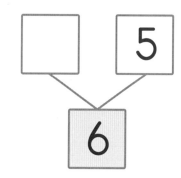

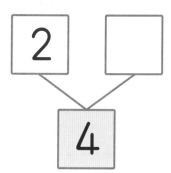

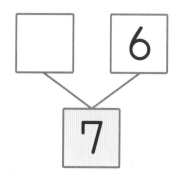

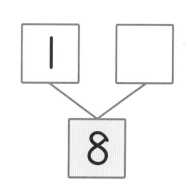

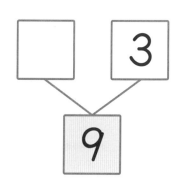

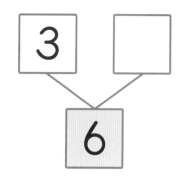

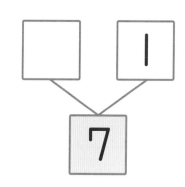

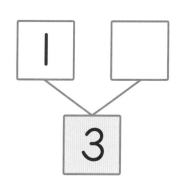

정답 8단계
9 이내의 수 가르기와 모으기

78~79쪽

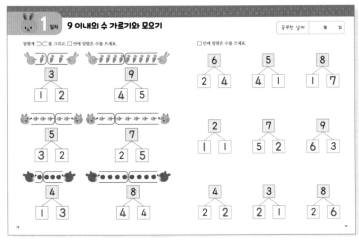

80~81쪽

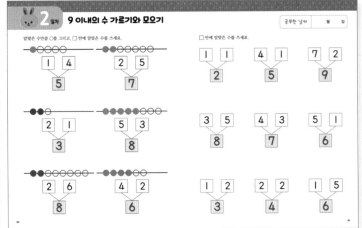

82~83쪽

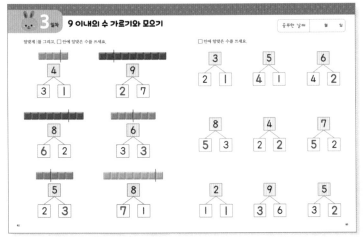

84~85쪽

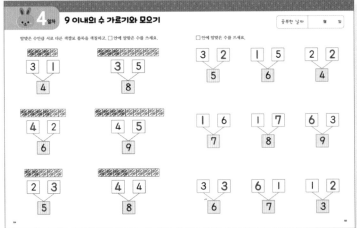

86

1~8 단계
실력 테스트

열심히 공부했나요?
나의 계산 실력을 테스트해 보세요.

실력 테스트

월	일
	점

각 문항당 10점

□ 안에 알맞은 수를 쓰세요.

❶

❷

❸

❹

❺

❻

❼

❽

❾

❿

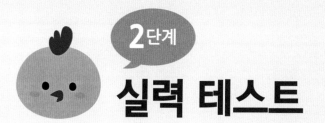

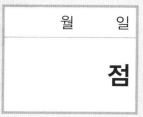
□ 안에 알맞은 수를 쓰세요.

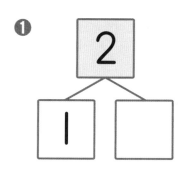

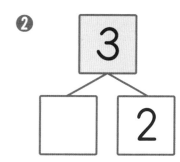

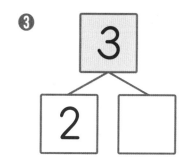

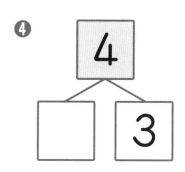

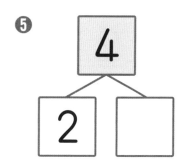

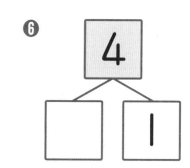

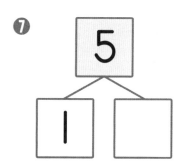

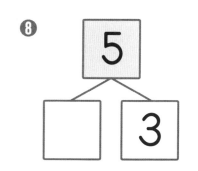

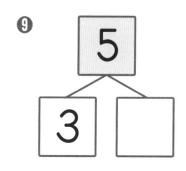

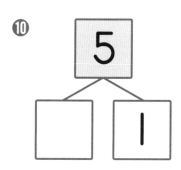

3단계 실력 테스트

□ 안에 알맞은 수를 쓰세요.

❶
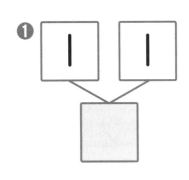
| 1 | 1 |

❷
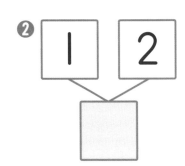
| 1 | 2 |

❸
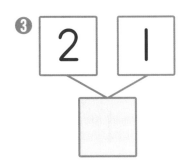
| 2 | 1 |

❹
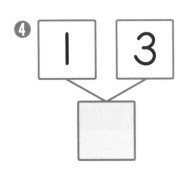
| 1 | 3 |

❺
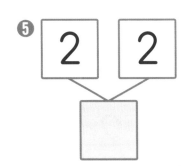
| 2 | 2 |

❻
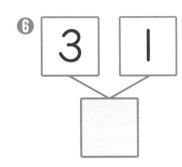
| 3 | 1 |

❼
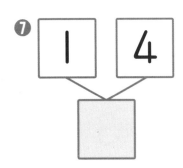
| 1 | 4 |

❽
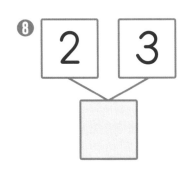
| 2 | 3 |

❾
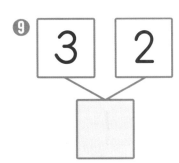
| 3 | 2 |

❿
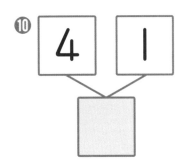
| 4 | 1 |

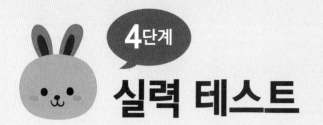

☐ 안에 알맞은 수를 쓰세요.

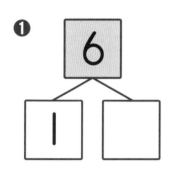

❶ 6 / 1 / ☐

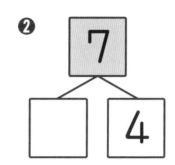

❷ 7 / ☐ / 4

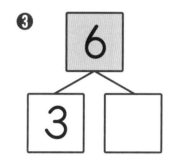

❸ 6 / 3 / ☐

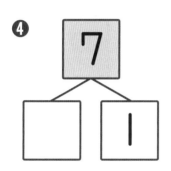

❹ 7 / ☐ / 1

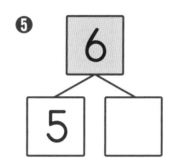

❺ 6 / 5 / ☐

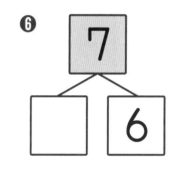

❻ 7 / ☐ / 6

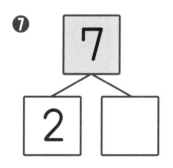

❼ 7 / 2 / ☐

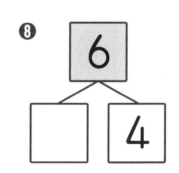

❽ 6 / ☐ / 4

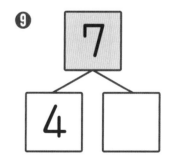

❾ 7 / 4 / ☐

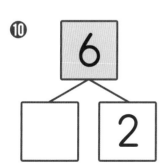

❿ 6 / ☐ / 2

□ 안에 알맞은 수를 쓰세요.

❶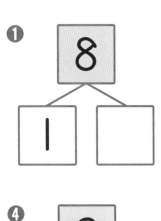
8 / 1 / □

❷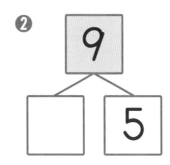
9 / □ / 5

❸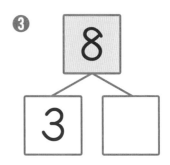
8 / 3 / □

❹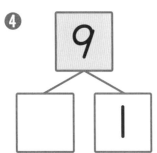
9 / □ / 1

❺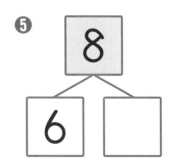
8 / 6 / □

❻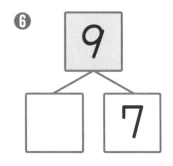
9 / □ / 7

❼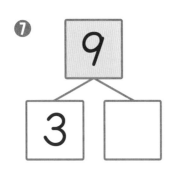
9 / 3 / □

❽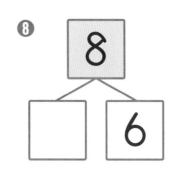
8 / □ / 6

❾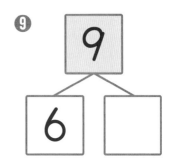
9 / 6 / □

❿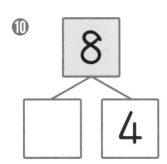
8 / □ / 4

□ 안에 알맞은 수를 쓰세요.

❶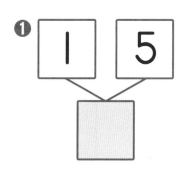

❷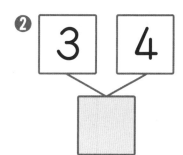

❸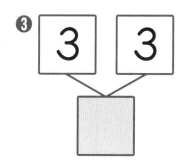

❹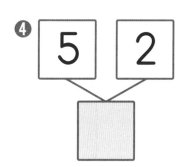

❺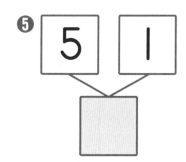

❻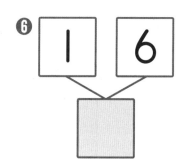

❼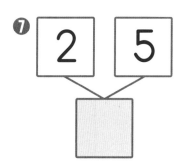

❽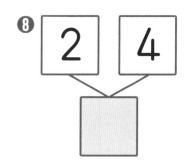

❾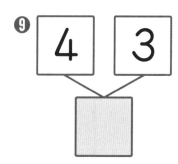

❿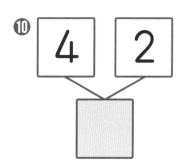

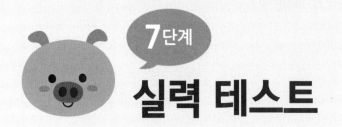

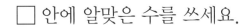 안에 알맞은 수를 쓰세요.

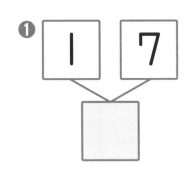

❶ 1 7

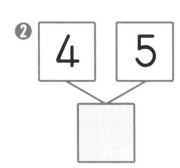

❷ 4 5

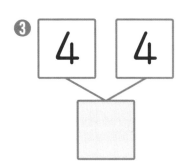

❸ 4 4

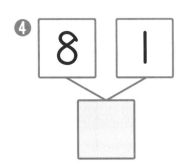

❹ 8 1

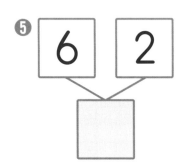

❺ 6 2

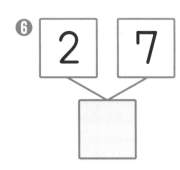

❻ 2 7

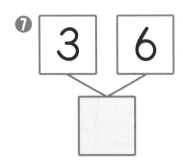

❼ 3 6

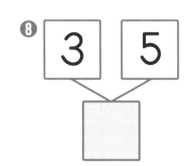

❽ 3 5

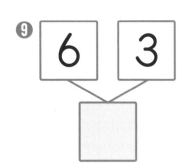

❾ 6 3

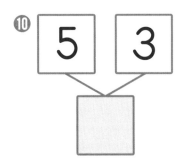

❿ 5 3

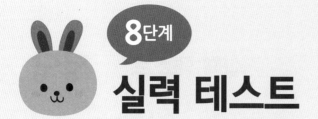

월 일

점

각 문항당 10점

□ 안에 알맞은 수를 쓰세요.

❶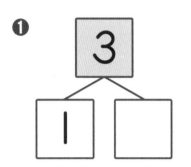

❷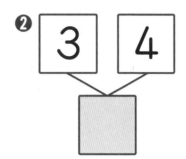

❸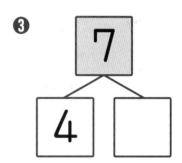

❹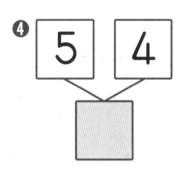

❺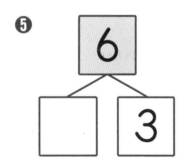

❻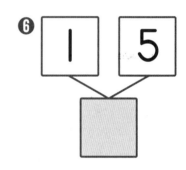

❼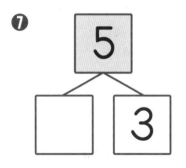

❽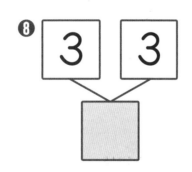

❾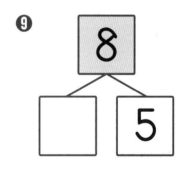

❿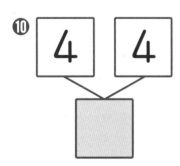

실력 테스트 정답

1단계 88쪽

2단계 89쪽

3단계 90쪽

4단계 91쪽

5단계 92쪽

6단계 93쪽

7단계 94쪽

8단계 95쪽